FAO中文出版计划项目丛书

联合国粮食及农业组织和世界卫生组织技术报告

食品安全的未来

——将知识转化为造福人民、经济和环境的行动

联合国粮食及农业组织
世界卫生组织　编著

梁晶晶　安　然　李璐凝　等　译

中国农业出版社
联合国粮食及农业组织
世界卫生组织
2022·北京

引用格式要求：

粮农组织、世界卫生组织和中国农业出版社。2022年。《食品安全的未来——将知识转化为造福人民、经济和环境的行动》（联合国粮食及农业组织和世界卫生组织技术报告）。中国北京。

05-CPP2021

本出版物原版为英文，即 *The future of food safety－Transforming knowledge into action for people，economies and the environment. Technical summary by FAO and WHO*，由联合国粮食及农业组织和世界卫生组织于2020年出版。此中文翻译由农业农村部国际交流服务中心安排并对翻译的准确性及质量负全部责任。如有出入，应以英文原版为准。

ISBN 978-92-5-126817-6（粮农组织）
ISBN 978-92-4-000640-9（世卫组织）
ISBN 978-7-109-29990-0（中国农业出版社）

FAO中文出版计划项目丛书

指 导 委 员 会

撰 稿 人
WRITER

技术报告协调员和编辑：

联合国粮食及农业组织（FAO）
Renata Clarke、Eleonora Dupouy、Hilde Kruse、Jeffrey Lejeune、
David Massey、Georgios Mermigkas、Roland Poms、Mia Rowan、
Kosuke Shiraishi、Andrea Zimmermann

世界卫生组织（WHO）
Kazuaki Miyagishima、Lisa Scheuermann

非洲联盟
Amare Ayalew、Winta Sintayehu、Wezi Chunga、Mahlet Sileshi

世界贸易组织（WTO）
Rolando Alcala、Christiane Wolff

平面设计和排版：

Pietro Bartoleschi/BCV Associati

缩略语
ACRONYMS

2030 Agenda	2030年可持续发展议程
AfCFTA	非洲大陆自由贸易区
AMR	抗生素耐药性
AU	非洲联盟
CFI	食源性疾病研究与预防中心
DALY	伤残调整寿命年
EUFIC	欧洲食品信息委员会
FAO	联合国粮食及农业组织
FBD	食源性疾病
FSSAI	印度食品安全标准局
GAIN	全球营养改善联盟
GFSI	全球食品安全倡议
IFPRI	国际食物政策研究所
ILRI	国际家畜研究所
INFOSAN	国际食品安全主管部门网络
ITC	国际贸易中心
MSMEs	微型和中小型企业
NDC	国家自主贡献
OECD	经济合作与发展组织
OIE	世界动物卫生组织
SDG	可持续发展目标
SMEs	中小型企业
SPS Agreement	实施卫生和植物卫生措施的协定
GFSQA	冈比亚食品安全和质量管理局
UNIDO	联合国工业发展组织
WGS	全基因组测序
WHO	世界卫生组织
WTO	世界贸易组织

目　录

CONTENTS

简　介

　　如今，前所未有的压力和发展趋势正共同改变着我们消费、生产、加工和分配食品的方式。这些压力和发展趋势——无论是有关生活方式、收入、科技、贸易或者气候都是破坏或改善食品安全的潜在因素。不计其数的食源性危害会出现在全世界任一食品链条的任一环节中，导致疾病、残疾甚至死亡。

　　我们的粮食体系需要赶上飞速变化的世界。到 2050 年，三分之二的人将居住在容纳 1 000 万人口以上的超大城市。随着人口的增多和城市的扩张，解决食品供应、环境和个人卫生、食品浪费和水资源短缺等方面的问题需要坚定的决心和充足的资金。

　　食品安全是人类健康以及食品营养安全不可或缺的组成部分，在市场准入方面起决定性作用，并刺激经济增长。虽然食品安全在可持续发展上发挥的作用得到越来越多的认可，但是食品安全管治和实现的过程仍呈现碎片化。食源性疾病持续阻碍生产力发展，与疟疾、肺结核或艾滋病一样，造成公共卫生负担。

　　在 2019 年这个关键时期，为两个重要会议提供了认定主要行动和坚定提高食品安全的动力。在"食品安全的未来——将知识转化为造福人民、经济和环境的行动"这一主题下，在埃塞俄比亚亚的斯亚贝巴的联合国粮农组织/世卫组织/非盟第一届国际食品安全大会上开始讨论，在 4 月举办的瑞士日内瓦国际食品安全和贸易论坛上继续讨论。

　　这两次会议召集了超过 1 500 位来自 140 多个政府机构、学术界、国际组织、民间社会和私营部门的食品安全领域领军人物。围绕保障食品安全开展不同专题会议，讨论如何能帮助各国达到《2030 年可持续发展议程》中设定的目标，同时支持联合国"营养行动十年"决议。

　　在亚的斯亚贝巴，参会代表讨论了如何统一各领域和各国的食品安全要求，解决新出现的食品安全挑战。讨论分五个主题展开，以改变实践的重要性为核心，聚焦于保证每个人有充足和安全的食物、减缓气候变化和最低化环境影响。会议制定了应对当今和未来全球食品安全问题的行动计划和策略，包括用知识赋予消费者权利来推动改变。

联合国粮农组织总干事若泽·格拉齐亚诺·达席尔瓦（José Graziano da Silva）

联合国粮农组织/世卫组织/非盟第一届国际食品安全大会

在日内瓦，参会人员深入探讨了与贸易有关的食品安全问题。论坛聚焦食品法典作为国际食品安全标准的持续性参考意义，与公共卫生、贸易以及贸易和食品安全内在联系相关。参会人员讨论了技术变革和数字化带来的机遇和挑战，以及为所有人提供安全食品的合作关系、跨境及国际合作的重要性。会议强调将会指导各国在《2030 年可持续发展议程》中提升食品安全管理的比例。

这份技术报告的目的是为政府官员、食品安全专家、研究人员、学术界人士和广泛的粮食体系利益相关方，了解新出现的食品安全威胁和可能的机会，以及解决方法提供支持。这份文件可用于加强食品安全风险管理，参与食品安全风险交流，倡导食品安全，同时牢记当今国际粮食体系的发展趋势和变化对食品安全的影响。

本书中分享的关键信息、报告和成果文件是未来食品安全政策和实践的宝贵资源。参会人员提供了多领域的专家意见，读者可以更好了解当前影响食品安全的议题。

联合国粮农组织/世卫组织/
非盟第一届国际食品安全大会

亚的斯亚贝巴

2019 年 2 月 12—13 日

联合国粮农组织/世卫组织/非盟第一届国际食品安全大会于 2019 年 2 月 12—13 日在亚的斯亚贝巴召开,此次会议有两重目的:①确定解决当今和未来全球食品安全问题的关键措施和策略;②加强高层《2030 年可持续发展议程》提升食品安全的决心。会议共有代表 120 多个政府的 600 多名高层和跨领域参会者出席,包括 40 名部长和副部长。参会代表来自农业、卫生、贸易、环境和旅游部门。众多非政府代表(民间社会、私营企业、学术界、研究所)、联合国机构及国际政府组织代表也出席了会议。

会议涉及多学科,议程包括高级别开幕仪式,4 个主题研讨和部长、食品安全官方机构、消费者、私营企业代表和合作机构参与的专家研讨。附件 1 中收录了会议议程。

联合国粮农组织/世卫组织/非盟第一届国际食品安全大会闭幕式

开　幕　式

联合国粮农组织/世卫组织/非盟第一届国际食品安全大会由非盟（AU）农村经济和农业委员致辞并拉开序幕，接着是联合国粮农组织（FAO）、世卫组织（WHO）、世贸组织（WTO）总干事及非洲联盟委员会主席致辞。Ibrahim Assane Mayaki（会议主席）作为高级别开幕式的主席和主持人。召集会议的这三个机构总干事致开幕词[①]。

约瑟法·来昂内尔·科雷亚·萨科（Josefa Leonel Correia Sacko，非洲联盟农村经济和农业委员）代表非盟对参会代表表示热烈欢迎，并对主办此次会议的埃塞俄比亚政府和人民致以谢意，对协办会议的联合国粮农组织和世卫组织表示感谢，对欧盟的坚定支持及其他伙伴对此次会议的支持表达了谢意。

©联合国粮农组织/Eduardo Soteras

萨科阁下提醒各位参会者，代表不同利益团体的参会者是为了一个共同点团结在一起——保证粮食体系中食品安全的需求。食品安全对于达成 2030 年消除一切形式饥饿的全球目标、实现粮食安全具有直接影响，在应对抗生素耐药性和气候变化等食品安全问题上，没有国家和地区可以独善其身。要求所有国家承诺加强食品安全管理势在必行，环境友好型粮食的生产亟须各国建立战略和智慧型伙伴关系。解决当今食品安全问题需要改变跨领域、跨学科的政策和实践。非盟将作为战略伙伴持续支持其成员国建立和实行卓有成效的制度结构，提供政策指导、创造保证安全和营养食品的政策环境。

若泽·格拉齐亚诺·达席尔瓦（José Graziano da Silva，联合国粮农组织

[①] 开幕式致辞收录在附件 2。

总干事）对埃塞俄比亚政府、非盟委员会和联合国粮农组织、世卫组织及世贸组织共同举办和协办这一重要会议表达了感谢。他强调没有食品安全就更遑论粮食安全。食品安全直接关系到多个可持续发展目标（SDGs），是《2030年可持续发展议程》的重要组成部分。没有食品安全，就不可能消除一切形式的饥饿和营养不良（SDG 2）；没有食品安全，就不可能实现所有人的健

©联合国粮农组织/Eduardo Soteras

康生活（SDG 3）；没有食品安全，就无法实现可持续的生产和消费模式（SDG 12）。没有食品安全，国际粮食贸易就无法帮助经济可持续增长（SDG 8）。联合国粮农组织总干事强调了联合国粮农组织/世卫组织食品安全标准设定项目食品法典的重要性，既是对国际粮食贸易的支持，也对保护公众健康有着重要意义。他指出这次会议是一次加强国际社会政府承诺、作出关键行动的绝佳机会。会议传达的重要信息可以帮助指导国际社会的未来。2019年6月7日首次庆祝的世界食品安全日，也是一次提高公众认识、激励全球粮食安全行动的好机会。

谭德塞·阿达诺姆·盖布雷耶苏斯（Tedros Adhanom Ghebreyesus，世卫组织总干事）在他的开幕致辞中强调了食物对人的重要性，是健康和享受的来源、文化和信仰的传达、帮助人们交往联系的艺术形式。因此，不安全的食物就会将营养和愉悦转变为疾病和死亡的来源，这是不可接受的。谭德塞强调，作为联合国"营养行动十年"决议的一部分，许多国家承诺改善营养状况，但是很少对食品安全成果作出承诺，他指出"同一健康"在全

©联合国粮农组织/Eduardo Soteras

面解决食品安全问题的重要性。为了连接各国食品安全体系，世卫组织和联合国粮农组织在十多年前创立了国际食品安全主管部门网络（INFOSAN）。国际食品安全主管部门网络帮助各国处理食品安全风险，分享信息、经验和解决方案。谭德塞向参会者提出了三点要求，首先，从过去的错误中吸取教训，利用这次会议分享经验，指出问题，找出解决方案，每一次食源性疾病（FBD）的暴发都是一次不再重蹈覆辙的机会。第二，搭建沟通桥梁，利用这次会议，在国内和国际、行业内和跨行业间建立更紧密的网络。第三，创新投资方式——世界需要建立食品安全的可持续投资机制，并适应各国和地区实际情

况。谭德塞表示此次会议可以为形成这一机制打下基础。他向参会代表打出的口号是：去学习、去建设、去创新！

罗伯托·阿泽维多（Roberto Azevêdo，世贸组织总干事）表示很高兴会议能提供这样的机会，强调食品安全对公共卫生和实现可持续发展目标的核心作用，他还着重提出食品安全对贸易的重要性。世贸组织是全球贸易的有力支撑，并得到非洲大陆自由贸易区等重要区域倡议的配合，在确保贸易与重要公共政策和食品安全等健康需求方面相互配合发挥了重要作用。世

©世卫组织/Pierre Albouy

贸组织总干事强调，有效的食品管理体系确保进口食品的安全是必要的。消费者要像他们信任国内供应的食品一样，信任进口食品。食品进口有助于降低食品价格，特别是最贫困人口消费的食品，他们需要对食品安全有信心。同样，出口商必须明确食品安全标准，并可以达到相应标准。世贸组织的卫生和植物检疫及贸易便利化协议有助于实现这一切。食品安全是为了所有人，因此，能力建设对充分利用贸易体系至关重要。这种认识是联合国粮农组织、世卫组织、世贸组织、世界动物卫生组织（OIE）和世界银行共同设立标准和贸易发展基金的动力。世贸组织正以各种办法帮助小型企业、贸易商和其他利益相关者随时了解食品安全和其他要求。阿泽维多强调，所有相关方都需要做好充分准备迎接挑战，抓住发展机遇。

穆萨·法基·穆罕默德（H. E. Moussa Faki Mahamat，非洲联盟委员会主席）对非洲联盟委员会和联合国各专门机构以战略合作形式共同应对挑战的举措表示欢迎。为了强化这一点，2018年1月，非盟和联合国签署了非洲《2063年议程》和《2030年可持续发展议程》的实施框架。非洲《2063年议程》的核心项目之一是非洲大陆自由贸易区（AfCFTA），它是各种商品

©联合国粮农组织/Eduardo Soteras

和服务的大陆市场，人员和投资可自由流动，其目的也是通过更好地统一和协调贸易自由化来加快非洲内部贸易。他强调，食品安全已经成为出口市场的重要前提条件，如果不积极解决，可能会成为非洲自由贸易区的障碍，特别是在农产品和服务方面，也会影响非洲农业的竞争力。首届联合国粮农组织/世卫组织/非盟国际食品安全大会表明了它们之间牢固的伙伴关系，非洲联盟委员

会非常赞赏这样的联合。食品安全议程对所有利益相关方都很重要。每年有数百万人感染食源性疾病。然而，生活在非洲大陆的人们每天都不成比例地受到食品安全挑战的影响。食源性疾病和相关死亡病例数量是全世界最高的。据世卫组织的数据显示，目前在非洲，每年有超过9 100万起食源性疾病的病例。同时，非洲39％的5岁以下人口发育不良或体重不足。因此，本次会议在非洲举行并非巧合。非洲人获得安全的食品，这是必须的。各国需通过人员和基础设施能力建设形成食品安全体系，创造充满活力的食品安全文化来促进行为转变，确保建立更有效的监管框架。最后，穆萨·法基·穆罕默德阁下强调，在继续努力实现"我们希望的非洲"的同时，他恳请各国政府掌握非洲大陆议程的主动权，共同建立强大的联盟和制度，保护和改善非洲人的生活。

联合国粮农组织副总干事玛丽亚·海伦娜·赛梅朵（Maria Helena Semedo）在闭幕式上讲话

开幕式部长圆桌会议

应对食品安全挑战

　　来自中国、埃及、埃塞俄比亚、圭亚那、马来西亚、圣卢西亚和塞拉利昂的8位部长，强调了各自国家的食品安全经验，分享了他们对解决当下和未来食品安全问题的观点，倡议高级别政治意愿和更有力的协调，保障全球食品安全。

　　所有部长都聚焦于此次国际食品安全大会的及时性、区域合作和食品安全整合的重要性，从过去经验和教训中学习，通过方式创新、资金投资和经验分享为食品安全做出贡献。他们都认可此次会议的组织方——联合国粮农组织、世卫组织和非盟在协助各国建立食品政策和项目上起到的领导作用。

联合国粮农组织/世卫组织/非盟第一届国际食品安全大会上午的会议

开幕式部长圆桌会议讨论要点

只有当食品安全作为人们衡量健康的一个基本决定因素时，才能实现粮食安全。获得足够数量的安全和营养食品不仅是健康和福祉的基本要求，也有助于经济发展。

非洲发展中国家在确保其食品安全体系方面面临的挑战包括：部门间和多部门合作不力、法规执行不力、技术能力和公众意识低下，以及缺乏在全国范围内投资食品安全的资金支持。

食品安全能力建设应更加协调适应当地情况，并纳入供应链，以满足发展中国家的需要，同时考虑到易受食源性疾病影响的穷人。

食品安全是公众关切的问题，世界各地出现的食品恐慌令消费者丧失信心。许多国家都欣然接受并正在建立专门的高级别食品安全管理机构，以满足各国食品安全需求。

政府对食品安全的重视程度和政治意愿至关重要，在法律、制度和监管框架中应对食品安全基础设施投资给予适当重视。即使国家的资源匮乏，其食品安全治理能力也可以得到加强。

加强公私伙伴关系以及所有国家参与制定国际食品安全标准至关重要。

气候变化为食品安全带来新的挑战，有效的缓解措施包括提高社区认识以及促进和鼓励可持续发展的做法。

贸易扩张可能会导致食源性疾病的加剧。因此，对所有贸易食品进行快速可靠的追踪是必要的。

高级别的政治和政策承诺以及对食品安全的优先考虑可以为制定法规带来切实的进展。实现更多合规性的关键因素是：建立国家部门间和部门范围内的食品安全监督和协调机制，加强食品安全监督和检查。

对消费者来说，了解食品安全原则和食品安全知识是选择食品的关键。而让消费者参与食品安全决策是非常重要的。

专题会议环节综述

专题会议一
食源性疾病的压力以及投资食品安全的益处[①]

演讲者语录

"食源性疾病可以避免也应该避免。"

"我们知道要做什么，但是需要实施行之有效的干预措施"（A. Havelaar）

"不安全的食品悄无声息地对无法发声的最贫困人口产生最大影响。"
（Jaffee）

专题会议一由世界银行全球农业业务经理 Nathan Belete 主持。会议共有五个发言，随后是观众讨论。小组讨论强调和聚焦在以下几个要点：

- 获得足够数量的安全和营养食品不仅是健康幸福的基本要求，也有助于经济发展。然而，不安全的食品和由此产生的食源性疾病对人类健康及国家生产力和经济的影响在很大程度上是未知的，而且被严重低估。没有对食品安全的适当考虑，就没有营养和粮食安全，可持续发展目标也就无法实现。

- 对食品安全的投资是值得的，这将对国家发展和人民健康以及增加贸易机会产生广泛影响。基于实证、针对具体国别、明智的和前瞻性的投资是必要的。只关注贸易而不适当考虑国内食品供应将导致巨大的公共健康和社会经济损失。

- 需要更精明的投资，同时在政治、财政和科学层面上对食品安全作出高级别承诺。公共投资需要提供政策框架和有利的环境，吸引私营部门的投资，形成创新的伙伴关系，将企业、政府、小农户和食品链上

---

① http://www.fao.org/3/CA2789EN/ca2789en.pdf

的其他参与者聚集在一起。

- 可持续投资的领域包括产生科学证据的能力、食品安全基础设施、训练有素的人力资源和领导能力、食品安全意识、可执行的法规、机构网络以及减轻穷人食品安全风险所需的服务。重要的是政策、制度和监管框架的设计要考虑粮食体系中小规模参与者的需求，以及投资可以附带减少食源性疾病领域的需要，如环境卫生和公共卫生体系以及城市升级等。

- 不能一刀切，优先事项和行动需要适应当地和区域情况。食品安全也要考虑平衡，因为最贫穷的人往往是受不安全食品影响最大的。因此，以人为本的食品安全投资很重要，可以利用不平衡，帮助实现可持续发展目标 5、8、10、16 和 17。

专家精彩发言

美国佛罗里达大学的 Arie A. Havelaar 介绍了关于不安全食品的公共卫生负担中需要全球承诺的要点。他告诉与会者，食品安全的沉重负担与艾滋病毒、结核病或疟疾相似。全球三分之一的食源性疾病是在非洲。在全球范围内，越来越多的食源性疾病与发育不良有关，特别是在非洲，还有许多潜在的严重危害尚且没有得到量化。食源性疾病分布不均，5 岁以下儿童和世界上最贫穷地区的人受影响最大。肠道病原体造成的负担相当于 1 700 万残疾调整生命年（DALYs），包括溶血性陶氏杆菌造成的 150 万残疾调整生命年。

黄曲霉毒素引起的疾病造成了 60 万残疾调整生命年。食源性疾病是可以且必须避免的，在高收入国家有一些良好的做法，这些国家的负担比全球平均水平低 10 倍。主要的问题是如何以经济和文化上适当的方式调整和成功实施干预措施。这就要求在实践中采取多部门参与的方法和"同一健康"策略。

世界银行首席农业经济学家 Steven Jaffee，他为支持对食品安全进行投资提供理由。国内食品安全往往只有在危机发生期间才会出现在国家的关注重点上，如导致死亡的重大食源性疾病暴发、故意在食品中掺假的丑闻或其他此类事件，这些事件会导致民众的愤怒，从而引起政治关注。Jaffee 强调了投资在经济理由的三个方面。①国际竞争力：与贸易有关的问题；②食品市场表现：包括价值链和收获后的损失；③减少损失：公共卫生成本和生产力损失。不安全的食品导致约 1 100 亿美元的生产力损失和食源性疾病治疗支出。在"一成不变"的情况下，未来几年，许多国家的不安全食品的成本将会增加。应对食源性疾病的挑战取决于具备的能力。例如，来自动物源性食品的食源性疾病与兽医服务能力和公共开支有关。Jaffee 强调了三点。第一，在低收入国家，虽然没有衡量食源性疾病/食品安全的问题，但主要存在水资源和卫生条件差的问题。

这些人群主要食用淀粉类作物。第二，中等收入国家由于饮食结构的变化，更多地消费动物来源的食物，而处于更危险的境地中，但对食品安全的投入并不与这些变化相匹配。第三，在中上等收入国家，粮食体系已经正规化，在食品安全方面有些投资，但这些投资并不充分。由于存在许多挑战，各国在遵守食品安全标准方面遇到了困难。Jaffee最后提出了4个主要建议。第一，低收入和中等收入国家的政府必须将食品安全放在首位。第二，有必要对国内食品安全进行更多、更明智的投资。第三，利用目标和干预措施之间的协同作用。第四，更好地激励和利用私营部门的投资和倡议。在贸易发展和研究领域，他的建议是：①加强对预防性前瞻性行为的激励；②对解决知识差距进行投资，传播优先事项、战略和投资等信息；③更好地协调和评估援助，并积极促进经验分享。

玛丽亚·海伦娜·赛梅朵（Maria Helena Semedo），联合国粮农组织副总干事

非洲开发银行的Ed Mabaya做了关于利用私营部门投资促进食品价值链安全的发言。他指出，在某些情况下，食源性疾病不会导致立即死亡，但会造成长期不可逆的健康后果，因此，有必要改变我们看待食品安全的模式。他请大家按照以下三方面思考。第一，在食物收获后和被食用之前发生的事情取决于私营部门（除非人们自己种植食物，但是随着城镇化发展，这种情况会减少）。然而，私营部门在食品安全对话和议程中往往没有出现。第二，私营部门更倾向于利润而不是安全的食品。第三，需要有利的环境和战略伙伴的参与，令私营部门能够提供更安全的食品。因此，政府应制定和执行相关政策和监管框架，发展基础设施，提供激励措施，并将私营部门视为战略合作伙伴。

因此，有必要建立公私营伙伴关系，为私营部门增添活力。

国际家畜研究所（ILRI）的 John McDermott 和 Delia Grace 分享了他们对中低收入国家以人为本的食品安全投资策略的看法。由于食源性疾病负担的不平等分配，他们强调食品安全需要多部门和多方利益相关者参与，包括水资源和卫生、健康、农业、社会保护等。这需要进行风险权衡分析。普遍的假设是，食品安全应由粮食体系参与者领导和负责，通过系统的利益相关方参与并协商。解决方案需要更具动态性和前瞻性。

尼日利亚国际热带农业研究所副教授 Chibundu Ezekiel 介绍了采用综合方法应对食品安全风险的必要性——以非洲霉菌毒素为例。霉菌毒素对实现大约 15 个可持续发展目标构成严重障碍。它影响着粮食体系中各年龄层次、发挥各种功能的生物。霉菌毒素影响着非洲主要食用的作物，如玉米、高粱和花生，对动物和人类健康、粮食安全和经济造成严重威胁。发育迟缓、癌症和认知发育问题是因霉菌毒素的协同效应产生的。Ezekiel 教授强调了在非洲霉菌毒素控制上面临的一系列挑战，例如：①对负面影响估计不足；②霉菌毒素的隐形性质及其从食用那一刻起的间隔效应；③对霉菌毒素的认识不足，法规无效和执行不力，需要正确的数据和沟通协调；④研究人员和决策者之间的协调不力。他提出的解决方案包括：①多管齐下的持续努力/价值链方法；②良好的农业实践；③针对特定作物的方法；④诊断方法的必要性——作物、方法；⑤透明和负责的数据共享。Ezekiel 教授建议用"三性"来确定优先级：有效性、效益性和公平性（考虑到不同利益相关方的利益，包括最弱势的消费者）。他阐述了他的智慧投资方法，包括：①具有统一战略框架的前瞻性方法；②明确、公平的优先级认定流程；③从各个方面考虑可持续性方面的重要性；④对投资影响和政府利用私营部门投资的监测。

演讲中的关键信息以及与观众的讨论

食源性疾病对人类健康和经济构成威胁——没有食品安全，就无法实现可持续发展目标。

为了保证食品安全，需要在政治、经济和科学层面上对食品安全作出高级别承诺。改善食品安全的明智投资与其他部门协同发展至关重要，例如城市升级和环境卫生计划。

食品安全领域需要更多更好的投资，以实证为基础、具有前瞻性并能反映国家的实际情况。

政府在利用私营部门对食品安全的投资方面负有责任。只关注贸易而不适当考虑国内食品供应将造成巨大的公共健康和社会经济损失。

政府、知识行动者、民间社会和私营部门的参与，为食品管理体系的全社会对话创造空间和机会至关重要。

获得安全和有营养的食物是一项基本人权，也是当地文化的一项要素。食品安全也要考虑公平，因为最贫穷的人往往是受不安全食品影响最大的。因此，以人为本的食品安全投资很重要，可以利用不平衡，帮助实现可持续发展目标5、8、10、16和17。

像人权观察组织这样对食品和营养权利进行监督，能够改善现有情况，而考虑到当今食品安全政策措施过度强调出口食品的道德问题——类似的做法应该用于国内市场。

等效原则应当用于食品安全检测方法合格标准的制定。

建立全球范围的政策框架十分必要，这种多国问责机制可以让各国制定食品安全策略，追踪各国取得的进展。

专题会议二
在气候加速变化时代的安全和可持续粮食体系①

第二场专题会议由联合国粮农组织助理总干事兼非洲区域代表 Abebe-Halle-Gabriel 主持。鉴于人口增长造成食品需求预期增长和加强农产品生产的必要性，5 位小组成员就各国应对气候变化相关食品安全问题的挑战和解决方式分享了他们的看法。

洛约拉大学气候计划主任 Cristina Tirado 介绍了气候变化及其对食品安全的影响。她强调，气候的不断变化会影响温度和湿度，增加食物被细菌和天然毒素（如黄曲霉毒素）污染的风险，以及动植物感染疾病的风险。海洋温度升高对渔业影响巨大，并与影响鱼类的有毒藻类增加有关。气候变化和变异将对食物链各个阶段的食品安全危害产生直接和间接影响，从而造成粮食减产，并可能使得 2050 年全球粮食价格上升 3％～84％，导致粮食不安全和人们营养不良。通过监测和监督发现气候变化造成新的食品安全问题非常重要。需要通过实证数据和评估指示行动。快速检测方法和监测系统是必不可少的。食品安全的监测和监督计划需要参考气候变化研究数据。国家自主贡献（NDC）指导气候变化行动，但很少有国家在其国家自主贡献中体现食品安全。有关计划和承诺的修订将有助于各国有效整合食品安全和气候变化问题。

美国玛氏公司首席农业官 Howard-Yana Shapiro 介绍了安全和可持续的作物生产：实现目标。他指出，为获得安全和营养食品而进行的可持续作物生

---

① http://www.fao.org/3/CA2789EN/ca2789en.pdf.

产需要有韧性的生产系统，该系统与正常运转的生态系统相平衡。他抛出了一个问题，即如何平衡为地球居民提供安全、营养食品的必要性与保护地球生态系统之间的必要性。他指出，水果、蔬菜、谷物、块茎和豆类的供应及其生产体系在人与动物营养以及人类生计问题中发挥着关键作用。食品生产系统的韧性来源于高效用水和使用现代手段。气候变化将使水资源更加稀缺，可用的淡水变得越来越少。这就需要种植抗虫、抗病作物。可持续发展的政治意愿是不可或缺的条件。气候变化速度之快已超过社会的应变速度。Shapiro强调有必要分享食品污染物（生物污染、化学污染、交叉污染）数据，敦促食品安全领域能够迅速正确地应对气候变化。

加拿大农业及农业食品部首席科学家Tim McAlister分享了关于在气候变化背景下安全可持续畜牧生产的看法。他指出，尽管畜牧业对气候变化有所影响，但新兴经济体财富增加使得肉类产量和消费量走高。全球动物性蛋白需求量到2050年预计翻一番。随之而来的畜牧系统由粗放到集约的转变将会使管理和市场行为发生显著变化，与涵盖人类、动物和环境的"同一健康"理念相结合，确保从农场到消费者的全链条食品安全。需要出台重要政策措施来促进饲料和养殖循环中的高效营养管理，提升动物的生物安全水平和适应力。废物处理需要特别关注。营养物排入水中会引发严重担忧，需要将这些养分回收进行堆肥、生物分解。出台政策、采取措施的重要领域包括：统一且受监管的粮食体系、消费者的信息和教育、对依赖性强的小农牧民和集约的商业生产者而言的生产公平性、病原体的快速检测方法。人类需要接受可持续畜牧生产的集约化，全面解决食品安全问题。

智利大学研究员、智利国家渔业与水产养殖局前局长José Burgos分享了关于安全、可持续水产养殖集约化的精彩观点，世界渔业形势的不稳定性和预期的鱼类需求增长值得被关注。渔业和水产养殖具有社会、经济和营养效益，在保障数亿人的粮食安全和生计方面发挥着关键作用。由于绝大部分现存鱼类资源处于完全捕捞或过度捕捞状态，未来必须通过水产养殖来增加鱼类和贝类供应。为了增加产量，集约化似乎是保持未来增长最现实的发展路径。然而，环境、健康、营养、食品安全和经济因素的主流化对成功保持增长至关重要。与牲畜相比，鱼类的优势在于饲料用量少、转化率高。他强调，水产养殖是一项全球性公益事业，需要优良的水产养殖方法、充足的生物多样性措施以及兼顾环境和研究的全局观。Burgos还强调，吸取前车之鉴和预测未来发展都很关键，并分享了智利在这方面的案例。首先，要想以可持续、有韧性的方式发展，就需要制定政策来监测和应对气候变化带来的新挑战，例如，①降雨量和风量增加带来的废料流动风险以及对海洋水域和繁殖过程的影响；②海水温度上升干扰了一些物种的生长，酸化导致软体动物产量增加。与基于海洋生态系统不同的是，生产与上游活动有关。兽医服务作为公共产品需要加强，该领域从业人员需要进修。其次，由于动物的免疫系统很脆弱，在生产的各个阶段都要谨慎使用抗生素。最后，他强调生产系统所面临的挑战需要各机构共同应对，要突出"同一健康"的方法和有用概念。

奥地利 ERBER 集团首席研究官 Eva Maria Binder 聚焦食品和饲料替代产品的前景。由于人口的增长和发展中国家的饮食变化，全球对传统蛋白质来源（牲畜和鱼类）的需求预计将在 2007—2050 年迅速增长 76％。这些变化将对环境和气候产生越来越大的影响。虽然不适于种植农作物的土地通常可以更加高效地用于放牧，但过度放牧会对环境和自然生态系统产生不利影响。现在迫切需要更多既安全又营养的食物和动物饲料，同时尽量减少对环境的影响。为填补这一空白，食品和饲料替代产品正受到越来越多的关注，但需要充分的监督和管控措施来确保其安全适当地使用。替代食品包括：

- 牲畜：有必要更加深入地了解牲畜的饲养需求。营养状况良好会使动物更加健康，对感染的抵抗力更强。必须同时考虑饲料的功效和安全性。

- 昆虫：加强生产可以提供蛋白质来源。需要对危险化学品累积的相关风险进行更多调查。科学和实证对于制定食品安全准则和标准是必要的。

第一届联合国粮农组织/世卫组织/非盟国际食品安全大会开幕式

- 藻类：这些藻类富含蛋白质、碳水化合物、矿物质等。
- 再回收食物作为饲料：食物损耗是一种浪费，给环境造成压力。需要对再回收食物用于饲料生产进行严格监管。
- 新型食物和饲料：生物产品的使用需要严密监管。

与观众的讨论主要围绕如何在气候变化的公共政策中体现对食品安全的足够重视，各国所面临的挑战是什么？加强行动和投资的激励措施是什么？大家一致认为，将食品安全纳入国家自主贡献等国家政策、战略和投资策略是十分重要的，还要展现这种投资的价值来进行激励，例如通过投资可以预防公共卫生、市场价值和发展机会方面的损失量。研究气候变化对营养不良、食品安全和水资源传播疾病的影响需要建模系统的支撑。即便有黄曲霉毒素的预测模型，也要获取与气候变化相关的数据输入。提供更多数据和加强研究十分重要。需要证据、数据、研究以及风险评估和监测。大多数国家的国家自主贡献中没有涉及食品安全问题，原因在于多部门合作不力或缺失，以及在食品安全和气候变化问题上部际沟通不足。讨论强调，解决食品安全问题的当务之急是研发有适应性的系统和技术，采用全面的方法来制定具有包容性的农业—贸易—卫生—环境政策和"同一健康"路径。

提出的问题涉及：政府和私营部门需要加大对研究的投资力度，如黄曲霉毒素污染的食品和饲料的脱毒新方法，提高当地作物对气候变化影响的适应性等；帮助小农户从精准农业等进步技术中受益；考虑替代性食物来源；使消费者能够改变观念和食物选择（提及用欧洲晴雨表衡量人们对食品安全兴趣的例子）；确定从农场到餐桌的过程中食品安全对于气候变化的敏感度，以便对食品进行有针对性的管控。

关于气候变化的影响，仍有许多东西需要学习。牲畜、水产养殖和作物生产系统的完美适应，饲料的可用性和安全性以及替代性饲料来源，都需要考虑对食品安全管理的影响。将食品安全纳入国家适应计划和国家对气候变化的承诺十分重要。本次会议强调，为使安全、可持续的粮食体系得以延续，需要制定基于风险的、以监测和监督数据为依据的减缓和适应战略。

演讲中的关键信息以及与观众的讨论

气候变化是客观存在的，对食品安全的影响已得到证实。随着食品生产系统的转型适应，需要提高警惕，并对新出现的食品安全问题和妥善管控潜在风险的战略进行评估。

作物生产正迫切需要在提供安全、有营养的食物和保护生态系统之间找到平衡点。变化比适应的速度要快。未来要采用具有适应性的作物生产系统。

全球范围内对动物性蛋白的需求到2050年预计会增加一倍，这将使畜牧生产从粗放向集约转变，对环境的影响也随之增加。畜牧生产中需要运用应对气候变化的适应技术。

由于绝大多数鱼类存量资源处于完全捕捞或过度捕捞状态，未来必须通过水产养殖来增加鱼类和贝类供应。虽然加强生产似乎是实现安全可持续的水产养殖最现实的方法，但它需要环境、健康、营养、食品安全和经济因素的主流化。

替代食品和饲料产品正受到越来越多的关注，以填补对传统蛋白质来源需求的增加和过度放牧对环境影响所造成的供需差距。这需要包括对相关潜在风险进行评估在内的充分监督和管控措施。

专题会议三
服务于食品安全的科学、创新和数字变革①

第三场会议由荷兰瓦赫宁根研究中心食品安全研究所所长 Robert van Gorcom 主持。5 位小组成员各抒己见，探讨如今可获取的食品、食品生产途径、食品安全的管理机制和手段已与去年不同，与 5 年前的区别更甚。根据目前的发展轨迹，今天的食品甚至和明天的都不一样。问题在于如何令这些方法、科学进步、技术创新和数字技术发挥最大优势，以及如何对其进行监管。

南非国家传染病研究所肠道疾病中心的 Juno Thomas 介绍了全基因组测序（WGS），为全球对粮食体系的深化了解做铺垫。她将其称为公共卫生微生物学的一场革命，在现场应用和研究方面拥有巨大的力量，有些已经显现，但更多还有待开发。全基因组测序功能强大，可用于系统发育和流行病监测、传播研究、食品测试和监测、疫情和溯源调查、病源追踪和归因以及根本原因分析。作为单一工作流程，它有可能取代目前用于标准微生物实验室的许多表型和基因型方法。所有细菌病原体的分离制备都是相同的，而且"湿实验室"组件（DNA 提取、文库制备和测序反应）快速且易操作。随着成本的下降，WGS 正迅速成为高性价比的食源性病原体物种形成和亚型鉴定技术。互补的流行病学和 WGS 数据集可以为局部和洲际疫情提供最终解释。

在 2017—2018 年南非李斯特菌病暴发期间，WGS 对进行疫情调查和确定最终源头起到了宝贵的指导作用。这对南非和非洲大陆来说都具有里程碑意义，证明了即使是资源有限的国家也能很好地应用这项技术，获取巨大利益。

---

① http：//www.fao.org/3/CA2790EN/ca2790en.pdf.

欠发达国家将 WGS 用于公共卫生用途的唯一巨大挑战在于是否具有基本的流行病学、监测和食品检测测试的基础设施。

将 WGS 数据用于监测、疫情发现和调查之所以能取得成功，关键在于能够在国家内部和国家之间将其与"同一健康"领域数据进行比较，即所谓的"开放数据"模式。这种数据访问和共享非常敏感，需要在国家和全球层面解决知识产权、法律、司法和监管框架以及食品行业的参与等一系列问题。这需要与所有利益相关方进行深入包容的磋商，还需要政治支持。

中低收入国家的食品安全现状和食源性疾病负担也反映了"同一健康"方法的缺失或薄弱。虽然为新计划提供资金面临持续挑战，但各国应积极推进倡议，小范围落实，克服实践、监管和机构间的障碍，促进知识、数据以及流行病学和实验室技术的共享。政治的承诺和支持对于实现公共卫生、兽医和食品部门间有效的多重管辖合作至关重要。

食品行业需要积极参与、负起责任、发挥作用，与其他部门一起改善当地和全球的食品安全和食源性疾病监测。

爱尔兰都柏林大学的 Aideen McKevitt 在其关于新型食品生产的演讲中强调，世界上的城市化人口每年增加 8 000 万，人们越来越关注自然资源的可持续利用，食品生产系统需要继续发展以满足所有的人的需求，还要借助新技术来满足不断变化的需求。对于通过基因编辑和其他植物育种新技术获得的作物等许多新食品来说，生产预计将越来越主流化，市场份额也将增加。由于难以跟上科学发展的快速步伐，制定在食品生产中使用新技术的相关法规面临着更加复杂的挑战。监管在全球范围内产生的后续影响还尚未显现。然而，除非在科学和风险分析的基础上，加强旨在制定监管趋同模式的国际对话，否则各国在监管模式上的分歧以及由此产生的贸易分歧，可能将在国际局势之中继续存在。Mckevitt 强调监管机构之间开展包容性对话对于形成趋同的全球监管框架十分重要，该框架将有利于全球标准的调和。还需要更加注重提升发展中国家掌握新兴技术的能力。此外，监管部门应提高认识，对消费者以诚相待，提供可靠信息，可以减少消费者对新产品的疑虑。

加纳大学的 Kennedy Bomfeh 介绍了开发采用本地食品价值链技术的政策考量，强调在新型生产系统的开发、监督和立法上需要采取综合的跨学科方法。在制定食品审批和食品加工相关政策时，综合评估权衡潜在风险和利益十分重要，不仅仅涉及食品污染，还要考虑环境、可持续性、生计和贸易等相关问题，这就是"同一健康"方法。对于新产品，食品政策制定者考虑的五项原则是：①产品风险分析；②创新基准；③创设市场激励措施；④消费者参与和教育计划；⑤确定国家研究议程所面临挑战的优先级。

美国食品药品管理局科学运营中心副主任 Steven Musser 介绍了用于加强

食品安全的新型分析方法和模型。他指出，食品中可能掺杂各种各样的化学和微生物污染物，这些污染物可能存在于分销链的任一环节。因此，监管机构、公共卫生官员和食品行业必须不断投资研发食品检测新技术，形成快速准确识别表征污染物的创新方法。这些创新方法超出了食品实验室范畴，涵盖了现场测试工具包、智能手机和其他手持式检测技术设备。包括 WGS 在内的许多新型分析方法的应用范围正在扩大，无论从现场技术还是经济角度，都变得更易获取。新工具有可能更准确快速，改善监控监测系统，提升食品溯源水平，包括可在食品生产商、加工者到最终消费者这一整条食品链中使用的便携式设备。亟需加大对各级（国家、区域和国际）数据管理和共享平台的投资，需要对相关人员进行培训来为终端用户解释可靠、标准化且易懂的数据。如果食品检测实验室能够应用得当，这些创新与完善的流行病学系统相结合，将使人们更好地了解风险，并为整条食品链制定危害预防、缓解和应对策略。

澳大利亚和新西兰食品标准局的 Mark Booth 在关于粮食体系数字化转型的演讲中强调，食品供应链的复杂性、分散性和全球性在使用数字技术为消费者提供更易溯源和更安全的食品中起到了关键的驱动作用。在食品行业建立"大数据"文化可以提升全球食品安全、食品质量和可持续性。例如，WGS 和地理信息系统（GIS）可以协同使用，以更好地发现疫情及其原因。食品供应和食品安全控制系统的数字化转型集自动化数据收集、数据整理和数据分析于一身，能够提升数据透明度，推动食品安全干预措施，并为优先安排和指导更快更全面的行动提供独家信息。如果能够妥善及时地实现数字化，可以使国际贸易食品的电子认证更快、更合算、手续更便捷，还将提升食品安全性、减少仿冒品，从而促进国际贸易。这对资源有限和食品安全系统不成熟的发展中国家尤为重要。应考虑实行电子认证，通过简化程序、与食品成分数据库进行连接，减少食品管理部门官方认证所需的冗长审批时间和高昂成本。例如，使用区块链手段对食品进行数字追踪，可在全球范围内提供更快、更高效的食品安全风险管理选择。加之电商的食品交易量增加，可能给发展中国家和小型企业提供更有利的环境来参与全球市场。然而，仍有诸如建设合适的基础设施、知识产权所有权、系统管理以及食品企业和政府内部现存的数据"孤岛"等挑战需要应对。在这个新世界中，亟须保护机密信息。无论采用哪种食品安全系统，都应该与各国的目的相适应，利用丰富的信息资源来提升食品安全，保证所有人都能获取这些信息。

演讲中的关键信息以及与观众的讨论

在当今快速发展的数字世界中，许多措施和考量都对传统食品、新食品和新型加工技术的安全性有所影响。

报告中提出的概念强调，负责任的方法和全球政策要促进对研究重点确定和技术创新应用过程的公平参与。

无论所处领域和目前经济实力如何，所有各方都必须参与对话，讨论科学新发现的利弊、与其应用相关的数字化流程以及食品安全治理。

利用科学新发现、技术创新和数字技术可以让更多人获得营养食品，促进当地经济发展，同时有助于在全球范围内建立更安全、更高效和更具韧性的粮食体系。

支持发展中国家获取能够改善食品生产和安全的科技进步成果，可以促进更加公平、更可持续的发展。

专题会议四
使消费者能够选择健康的食物并
支持可持续的粮食体系①

"光有好的科学是不够的。还要能获取证据、数据、方法和协议并有效传播。"（B. Gallani）

第四场会议由世卫组织负责非传染性疾病和心理健康的助理总干事 Svetlana Akselrod 主持。5 位小组成员就以下方面分享了他们的观点：在不断变化的粮食体系中加强消费者对食品安全的信任，考虑消费者的看法及关切，提升其对食品安全的认识理解，提供可靠信息来指导消费者选择健康安全的食品，创造条件进行建设性对话。

世卫组织营养部门主任 Francesco Branca 的报告聚焦采取行动促进饮食转型、应对营养不良三重负担的必要性。他指出，饮食和营养的观点对于粮食体系的讨论是必要补充。当今世界被各种形式的营养不良所困扰，导致超重（肥胖）、发育不良和微量营养素匮乏。饮食不足是导致所有形式营养不良的共性风险因素。食品不安全不仅仅是指食物不足，还有食物质量不合格。食品不安全是造成营养不良的重要原因。最新分析表明，不健康的饮食是造成全球死亡和残疾重担的首要风险因素之一，是造成因心血管疾病、癌症以及腹泻和呼吸道感染等传染病早逝的原因之一。总的来说，在食品产量增加的同时，粮食体系也变得充满活力，能够提供各种各样的食物。然而，并不是每个人都能获取水果、蔬菜以及随着粮食体系改善而出现的其他营养食品。健康膳食从纯母乳

---

① http://www.fao.org/3/CA2791EN/ca2791en.pdf.

喂养时期就早早开始了。

从营养和安全角度来看，健康的日常饮食应该少摄入能量、盐、糖，多摄入纤维，水果蔬菜不少于 400 克。脂肪总摄入量应控制在总能量摄入的 30%以下，脂肪消费应从饱和脂肪转向不饱和脂肪，淘汰工业反式脂肪酸。饮食中的碳水化合物应来自全谷物食品。饮食富含豆类等植物性食物、减少动物性食物，可以改善健康，对环境有益。安全的食物对于健康和可持续饮食来说不可或缺。摄入受污染的食物和水会导致腹泻和营养物质的流失。在食品生产中农药和兽药等化学品的不当使用导致了抗生素耐药性出现和传播等公共卫生问题。Branca 还强调了参与国际食品法典委员会关于营养和食品安全的工作以及在国家层面实施国际标准的重要性。

位于意大利的欧洲食品安全局（EFSA）交流参与合作部门主管 Barbara Gallani 的发言聚焦在粮食体系日趋复杂的情况下，了解食品安全风险和不确定性并满足公民期待。她指出，粮食体系的动态变化使监管科学中出现了许多知识空白和不确定性，风险评估员要对其进行解释。价值判断十分重要，在有效沟通中也发挥作用。消费者会接触到不同来源的食品安全信息，其中一些信息比较可靠，一些则不太可靠，关键在于尽可能利用所有可用的传统、现代和新兴沟通工具和方法来抵制错误信息。同时，消费者对食品安全问题非常感兴趣，期望听取不同的意见是合理的。公共机构有责任在考虑数据来源和方法、排除参与食品安全风险评估人员利益冲突的前提下，提供可核查的可靠信息。在日益复杂的世界中，建立和支持透明可用的风险评估机制，进行清晰和令人愉快的沟通是十分重要的。对公众开放和透明的基本准则可以转化为食源性动物传染病、抗生素耐药性和食品中化学物质相关风险评估的公开数据库。与各利益相关方进行积极和建设性的接触是至关重要的。

英国纽卡斯尔大学 Lynn Frewer 的发言主题为数字时代与公众就食品安全和质量问题进行有效沟通接触。她强调，食品安全风险交流是风险分析框架的重要内容，而社交媒体在这一过程中可以发挥作用。从社交媒体中收集的信息以及社会科学有助于了解消费者的行为和偏好。了解网络媒体影响者的作用也同样重要，针对不同受众、不同层面使用特定的媒体平台，以便覆盖所有消费者。在向公众收集数据或对其进行修改时，数据处理分析会涉及法律和道德问题。机构需要注意媒体所提供的错误信息。对于熟练使用社交媒体的各类用户，有必要留意他们的技巧，并研究如何利用这些技巧来影响社会和消费趋势。

来自肯尼亚的 Stephen Mbithi 在他关于利用食品安全市场驱动力的发言中强调，食品安全是伙伴关系——监管机构、行业和消费者在保障所有人享有安全食品方面都发挥着作用。有必要建立食品安全监管框架来定义可接受的行为，确立监督促进遵守规则的举措和违规行为的惩罚措施，从而保护公众免受不安全或欺诈行为的影响。然而，食品主要通过市场提供给消费者，而不是由政府直接提供。最大限度地减少食品安全风险需要行业持之以恒做好工作，消费者和"市场"的驱动力会使其更易实现。品牌保护能够大力推动完善的行业进行严格的食品安全管理。在小规模生产者和非正规市场占主导地位的国家，需要认真思考如何利用市场对于食品安全的驱动力。消费者教育为推动供应商改善食品安全创造重要条件。通过提升认知和加强教育，消费者能够更好地认可并回馈供应商改善卫生的有效举措。消费者在促进食品安全方面的作用取决于所接受信息的可靠性。因此，政府和民间社会团体需要促使信息提供者承担起更大的责任，并加大问责力度。为了不断改善国内食品安全状况，应通过逐步实施新的监管要求来给予小规模经营者强化食品安全管理系统的机会，同时考虑到特殊情况并仔细评估相关风险。

墨西哥国际消费者协会的 Rebecca Berner 就共担为消费者赋权的责任作了发言。她强调了从人权角度赋予消费者权力的重要性，并指出四个行动领域：①通过正确精准的信息和清晰的沟通为消费者赋权；②通过税收、补贴等促进健康选择的法规为消费者赋权；③保障消费者免受利益冲突的影响；④通过对问题进行全球治理，为粮食体系赋权并使其转型。

与观众的讨论中强调，消费者的意识和为消费者赋权的制度支持框架可以在市场中创造出积极的动力，促进对食品安全的持续关注。应预估赋权和教育的社会文化背景以及社会经济影响，并在制定食品安全交流策略时加以利用。有必要统一方法。由出口食品消费者推动实施的贸易要求、旅游业的发展和国内市场消费者的迫切需求是改善食品安全的重要动力。这些应该与政府同利益相关方协商、带头制定政策和立法框架的作用结合起来考虑，确保国家残留物和微生物污染物监测计划以及检查、认证、诊断能力等支持系统都已就位。私营部门的作用也同样重要，其责任在于确保投放市场的食品可以安全消费。

演讲中的关键信息以及与观众的讨论

食品安全是大家共同的责任。作为消费者，所有人都发挥着重要作用。

考虑到食品安全的复杂性，消费者需要获得及时、清晰和可靠的信息，了解与他们所选食物相关的营养和疾病风险。

需要使用传统和新型交流工具提升透明度、促进更加有效的对话合作，加强食品安全。

在当今不断变化的世界中，消费者与政府的互动需要建立在相互信任和理解的基础上，才能使他们有能力选择健康的食品并助力粮食体系长期运行。

消费者的参与可以使粮食体系更强大、更可持续，并使法规得到完善。

健康膳食可以通过以下方式得到促进：教育和沟通（包括食品贴标、膳食指南）；规范激励措施和食品价格；使农业和营销政策一致；顾及弱势群体；通过社会保护计划等方式使人们能够选择获取健康的食品。

投入时间和创造力在消费者中建立信任、影响他们对风险的认识是十分重要的。

世界食品安全日为从农民到消费者的食品链上所有利益相关者开辟了提高食品安全意识和扩大宣传的途径。

让消费者参与政策制定的过程，并让议员参与宣传，因为他们有代表公民和支持消费者敏感政策的权力。

专题研讨　民间组织与私营部门

讨论聚焦于确定包括工业和更广泛的私营部门、科研机构、学术界、消费者和专业组织在内的非国家行为者在加强全民食品安全方面能够发挥的强大作用。

Leon Gorris 强调了通过对科学家、工程师和研究人员的培训和能力建设来开发人力资本的重要性，借助国际食品科学技术联盟网络可以提高他们的能力和专业水平。该网络在全世界 45 个国家拥有 3 000 名专注于科学技术发展成员，主要与知识伙伴合作，学习工具包括知识产品和在线培训视频。该网络正力求扩大并与学术界等合作伙伴的密切联系，开发项目、使用技术来吸纳更多的人。

Cris Muyunda 强调，建立食品安全指导框架至关重要，如"非洲农业综合发展计划"正在为非洲食品和农业制定的框架。《关于加快农业发展和转型以促进共同繁荣和改善生计的马拉博宣言》中有七项承诺强调，伙伴关系和决策中的包容性对于实现消除饥饿和减贫目标起着关键作用。这意味着私营部门、妇女组织和青年团体必须坐下来一起探讨，因为他们活跃在整条价值链上。对这些利益相关方进行培训和赋权是十分重要的，要让他们了解食品安全和标准，并提升他们实施标准的能力。

拉瓦尔大学的 Samuel Godefroy 食品安全的跨学科性和分散性，以及学术界在汇集所有要素方面可以发挥的作用是值得关注的。科学技术解决食品安全问题，这些问题是食品控制系统的基础，使涉及数学、生物学、经济学和社会科学等学科的风险分析得以实施，从而找到风险管理解决方案。食品安全领域需要更多的关注和投资。开发监管科学的培训和理学硕士课程对于培养一套广泛的技能至关重要。利用国际食品法典委员会对工具和材料的投资，并通过现代方法、伙伴关系和国际机遇来宣传这些工具和材料将会是一种发展路径。可以建立次区域机构来提供培训，并为食品控制主管部门提供训练有素的称职人员。食品安全教育需要提升，将自然科学与社会经济学科紧密结合，并通过与学术界的合作进行长期能力建设。

参会者抵达现场参加上午的会议

　　欧洲食品信息委员会（EUFIC）的 Laura Fernandez 强调，沟通对于消费者赋权非常重要。与消费者一起解决信任问题是确保他们更好地了解和认识食品安全问题的一种方式。消费者知情权是他们选择健康食品的先决条件，特别是 30%～40% 的食源性疾病是因消费者在家庭中的不当处理而引起的。了解消费者的价值观和所关心的内容十分重要，同时还要建立更好的沟通环境促进信息传递。来自社交媒体的信息无所不在，但并非总是准确的，这破坏了消费者对食品链及私营部门、民间社会组织等机构的信任。改善这种环境需要通过各相关方的双向对话和相互理解来实现。消费者和私营部门可以一起努力来确保他们的共同利益得到满足。例如，EUFIC 促进了易过敏消费者协会和私营部门之间的对话，以此对制造商施加影响。

　　美国官方分析化学师协会（AOAC）成员 Owen Fraser 强调，使用真实可信、优质且合适的数据生成方法是实现食品安全的关键。AOAC 成立于 1884 年，共有来自 90 个国家的 3 000 名成员。AOAC 与学界、工业界以及合同研究组织一道，基于检测方法和其他解决方案的科学共识，制定主动性标准。协会目标是保证全球检测的高精准度、高水平和可靠性。为保证检测精准度，将规定与遵守规定情况联系起来，要针对新成分研发新的技术分析方法，以应对食品生产加工过程中技术手段的变化。当下 AOAC 面临的挑战是：现代分析方法成本高昂，许多国家基础设施和人力资源能力有限。

　　Barbara Kowalcyk 强调，要提供可持续的解决方案，公私合作模式是值得关注的。即私营部门和政府建立合作伙伴关系，产生协同效应。美国非营利组织食源性疾病研究与预防中心（CFI）代表大众通过食源性疾病数据来倡导食品安全。CFI 一方面为政府咨询委员会和专家咨询组服务；另一方面，该中心与媒体和私企协同努力。在与社会资本和政府的通力合作之下，该中心通过对消费者友好的措施，如：贴标注明机械加工肉。消费者往往对食品安全的掌控度最小，但他们又需要确保食品生产加工各环节安全可靠。2006 年，美国一场菠菜引起的食源性疾病暴发催生了 2010 年的《食品安全现代化法案》，该中心在其中扮演重要的角色。CFI 目前正在努力推动肉禽类产品的食品安全法规走上类似的现代化进程。CFI 与私营部门积极对话，编写发布白皮书，提出肉禽产品安全体系的改革。每一次食品安全的讨论都要让消费者参与其中，这一点至关重要。

　　来自全球营养改善联盟（GAIN）的 Greg Garrett 指出了奖惩并重和建立工作机制对推动安全营养食品消费的重要性。一方面，私企可以为保障食品安全提供解决方案；另一方面，私营部门也会出现食品安全问题。因此，私企需要参与其中。Greg 就食品安全的市场解决方案提出了具体案例。GAIN 正在努力创设食品安全和营养基金，制定衡量食品安全投资影响的标准。

　　来自玛氏公司的 David Crean 认为，公私合作确实可以简化食品安全的保障工作，提振消费者信心。作为大企业，玛氏公司深知，即便任何细微的食品安全问题或事故都会严重损伤消费者对产品的信任，从而影响产品销量。公私合作将起到积极的推动作用，并确保检测能力等食品安全的基础保持稳固。玛氏公司在供应链的食品处理、储存和加工各环节中数百万个点位收集数据，利用这些数据丰富数据库，并与合作伙伴分享交流。

专题研讨 政策制定者和国家机构领导者

Pawan Agarwal，印度食品安全和标准局首席执行官，印度
Jorge Dal Bianco，阿根廷国家食品安全与质量局（DNICA），阿根廷
Sètondji Epiphane Hossou，贝宁食品安全局（ABSSA）局长，贝宁
Zainab Jallow，冈比亚食品安全质量监督局，冈比亚
Bernhard Kühnle，德国联邦食品和农业部食品安全和动物卫生局长，德国
Mohammad Mahfuzul Hoque，孟加拉国食品部孟加拉国食品安全局主席，孟加拉国
Hussein Mansour，埃及农业和土地开垦部国家食品安全局主席，埃及
Pietro Noè，意大利卫生部食品卫生、安全和营养总局局长，意大利
Vyacheslav Y. Smolenskiy，俄罗斯联邦消费者权益保护和公益监督局副局长，俄罗斯
主持人
Mary Lou Valdez，美国食品和药物管理局国际项目办公室国际项目协理专员

　　本次研讨会议指出了食品安全主管部门负责人肩负的重任和当下面临的挑战，包括共同面临的挑战和各国自身面对的不同挑战。食品安全的形势在不断变化，所以监管部门的领导需要具备一定的前瞻性。

　　领导层不仅要确保在岗人员工作经验丰富，不断学习知识，提升技能，还要保证在岗人员能处理好各层面利益相关方的关切事项。此外，目前食品安全机构仍然资源匮乏，因为政策制定者不能深入理解食品安全机构的运营模式和作用。

　　在本次会议中，小组成员就如何促进政府持续投资建设国家食品控制系统这一挑战分享了相关经验，也就当前和初显的关键挑战交换了意见。

Zainab Jallow 表示，冈比亚食品安全质量监督局（GFSQA）拥有强大的法律制度框架作为支持，GFSQA 内还设置了监管事务、食品质量控制的各关键机构和科学委员会（尽管尚未充分运作）。GFSQA 与植物和动物卫生部门的"同一健康"协议也已到位。然而，目前冈比亚在能力建设和科学数据生成方面缺乏资金支持和授权实验室。这就意味着食品样本必须送往国外进行农药和兽药残留分析。冈比亚消费者在食品安全方面的意识相对匮乏，冈比亚的学校正在推行一项在校计划，通过教育学生来影响学生家长的食品安全意识。清晰明确的法规可以解除过去其他法案的管制，并通过谅解备忘录将责任下放给主管机构，这一点尤为重要。尽管独立的科学委员会已经到位，但冈比亚未进行任何风险评估，而是采纳了其他国家已完成的风险评估。GFSQA 还设有利益相关者咨询论坛，不同食品生产者协会成员和消费者可以在论坛上表达关心事项，GFSQA 通过论坛收集真实信息，从而改进风险审查的机制。

Bernhard Kühnle 指出了一个事实：食品安全尚未成为公认的公共产品，因此缺乏资金支持。只有发生食品安全事故或者暴发（食源性）疾病时，食品安全才会成为公众关注的焦点。政策制定者需要通过分析成本效益、了解食品安全为国家带来的有形无形的好处，从而认识到食品安全的重要性。全球化加速了食品贸易交易，扩大了食品贸易规模，促进欧盟和德国不断优化数字化和数据管理。营养品需求不断上涨也成为一大挑战。Bernhard 强调，一个国家不论用什么机构评估食品安全，风险评估部门的独立性都非常重要。只有风险评估部门保持独立，才能实现不偏不倚的判断。

Hussein Mansour 表示，埃及当下面临的最大挑战是如何避免食品安全评估机构一家独大以及如何确保评估机构充分运作。他指出，经过充分论证的合理资金支持可以改变三方利益攸关者——政府、工业界和消费者的观念，将资金更好地落到实处。合作伙伴相互信任，彼此坦诚是实现必要的知识技术转让的基础。尤其要让资金覆盖到平时触及不到的领域和弱势群体，用资金解决食品安全的根本问题，例如用水安全和废物处理，这都是非常重要的。

Pawan Agarwal 强调，各国需要探索操作性强的有效投资模式，并推而广之。例如，印度食品安全标准局（FSSAI）把关注点放在人的身上，巩固合作伙伴关系。近年来，FSSAI 的实力翻了两番，但依然相对有限。印度人口众多，意味着消费者的赋权和参与程度非常关键。FSSAI 出资为印度家庭、学校和办公场所设计了易理解的食品安全操作手册。FSSAI 还投资了一个食品机构，以创造安全的食品需求环境。FSSAI 的投资用于大型食品安全培训和认证项目，目前该项目已培训十万余名培训师。其中大部分学员培训是通过与私营部门和学术机构合作而实现的。在印度，针对中小型企业和"中小微企业"的良好卫生行为大众教育计划已经推行，以简单且易于理解的形式呈现。

此外，FSSAI 还建立了遵守规则的食品企业经营者集群。

Pietro Noè 解释，意大利在遵守欧盟法律法规的前提下，在科学研究领域加大投资，获取食品危害风险的数据和证据，为农业生产者协会提供相关信息，助力实现全生产链的食品安全。10 家研究中心和位于罗马的国家卫生研究所参与了此次研究。因此，全国 21 个地区的区域和地方一级监测人员得以保障落实食品安全。上述机构的服务运转依靠食品生产者支付的费用维持。这些机构需要不断更新食品企业登记手册并评估风险，包括在实验室对产品进行检测，这是保障食品安全的一个基本要素。

第一届联合国粮农组织/世卫组织/非盟国际食品安全大会开幕式

Jorge Dal Bianco 解释，阿根廷政府意识到了食品安全财政资金投入的有限性，所以将工作重点放在了提高食品安全控制业务的效率、减少管理成本上。阿根廷政府通过规避或去除工作中的冗余重复内容，加强公共关系，鼓励不同机构交流分享经验，以确保食品安全管理覆盖供应链的各个环节。Jorge 强调要用信息技术收集监测数据，每 30 天更新一次。所有信息经国家机构在互联网公开发布，决策以科学证据为基础。发布的信息帮助各利益相关方——特别是消费者随时了解情况。

Sètondji Epiphane Hossou 指出，建立整个食品生产链的控制结构是当下的关键挑战。在出口产品遭遇欧盟抵制后，贝宁政府对食品生产链进行了改革。政府已经出台了农作物和渔业方面的食品安全政策，还需要进一步开展卫生与植物病害风险评估计划。评估人员业务能力要强、工作要认真严谨，这是最基本的，与该地区的兄弟单位开展微生物风险评估也需要技术能力的严谨态度。贝宁现已从制度层面上开展了食品安全的改革，保证了可持续性，包括建立食品安全机构、风险评估和科学咨询委员会以及认证的实验室。凡是新的规定出台，政府都会展开可以加强公众认识的宣传活动，宣传活动的重点是贫困和弱势群体。

Vyacheslav Y. Smolenskiy 强调，新型食品技术的高速发展带来严峻挑战。在经过精确的风险评估前，许多成本可负担的技术手段已经投入使用并广泛推广了。俄罗斯联邦政府在食品安全事故原因调查中取得了较好的成效，平均每年仅 2% 的案件原因无法查明。然而，食品造假、掺假和虚假标签事件不断给消费者带来风险，需要加强监管。事故风险形势的变化也需要持续向财政部汇报，说明这并非一项容易的任务。俄罗斯食品安全系统的持续发展是公共卫生的重要部分，管理者和消费者能从垂直整合了流行病学监测信息和食品安全监管的机构中受益。主管机构可直接向政府报告，每年创造知识产品、监测数据报告。开展食品企业教育和宣传活动，与私营企业就自愿贴标规定达成一致，可以提高检查服务的效率。

Mohammad Mahfuzul Hoque 介绍了孟加拉国食品安全目前面临挑战的背景。孟加拉国人口密度高，容易受气候变化影响，250 万家食品企业亟须相关部门监管。孟加拉国食品安全局将 18 个部的分散活动和不同法案下 100 多项法规纳入管辖范围。当前需要经验丰富的技术人员，提高实验室科研能力，加强对食品欺诈和掺假行为的打击。为此，孟加拉国政府已与包括农业推广、渔业、畜牧业和消费者事务在内的核心部门签署了服务协议。

专题研讨 合作组织机构

Jimmy Smith，国际家畜研究所所长
Jean - Philippe Dop，世界动物卫生组织机构事务及区域活动副局长
Philippe Scholtes，联合国工业发展组织计划发展和技术合作司司长
Simeon Ehui，世界银行农业主管
Matthew Hudson，欧洲委员会卫生和食品安全总局食物生产链代理主任
主持人
本期专题研讨由埃塞俄比亚 CGTN 记者 Girum Chala 主持

专题研讨小组成员就如何促使合作伙伴支持食品安全问题分享观点，介绍各组织机构在食品安全问题上面临的挑战。

Sylvia Alonzo 解释，需要持续不断生成数据、提供证据，说明食品安全问题的规模、影响和后果，还需要提供食品安全问题的解决方法。她强调，解决方案要针对目标群体的具体需求，消费者的食品安全利益应当得到重视。

Jean - Phillippe Dop 指出了世界动物卫生组织的当务之急，那就是培养兽医能力，以执行国际最佳实践标准；要支持各国参与标准制定，鼓励采用国际标准，加强对话是关键。他还强调了与国际组织合作的重要性。

Aurelia Patricia Calabro 强调了当下任务面临的两大挑战：不仅缺乏系统性的方法；还缺乏食品安全从业人员之间的协调合作。Aurelia 简要介绍了他们的三大基础工作，包括：培训食品安全体系从业者和生产链经营者的能力；创立监管框架，加强基础设施投资；通过宣传倡议促进与私营部门等的协调与伙伴关系。

Simeon Ehui 指出了世界银行同时作为发展机构和金融机构所发挥的作用，两大作用的目标一致，都是提供支持，团结联系合作伙伴，为增强世界银行调停斡旋的能力创造更多机会。Simeon 向与会嘉宾介绍了全球食品安全伙伴关系的建设情况，以及与不同伙伴合作筹备知识产品情况。

Mathew Hudson 指出，要根据受益人实际情况定制解决方案，对消费者进行食品安全教育十分重要。Mathew 认为，国际食品法典标准可以作为参考标准，政府需要发挥领导力作用，为国际食品法典标准建设应用框架。

Mathew 还指出，私营部门支持食品安全存在两点动机：一方面，企业面对的是受过教育的消费者群体；另一方面，企业需要建立适当的食品安全控制体系在最大程度上减少滥用。最后，Mathew 指出，要关注越来越重要抗生素耐药性问题。

关于推进的优先行动，Simeon Ehui 指出，要同伙伴密切合作，支持多部门项目，采取预防性措施，不能只在食品安全紧急事件发生时才有所行动。Simeon 强调，与会者要关注世界银行计划组织的粮食安全领导力对话，确定包括食品安全在内的问题解决方案。Sylvia Alonzo 指出，合作伙伴应该互相包容，让基层工作人员参与其中。她还强调了国家间和洲际对话、学习和交流的重要性。Jean - Phillippe Dop 强调，资金支持不应局限于有形资产，还应该包括人、知识和流程在内的无形资产。

闭　幕　式

联合国粮农组织/世卫组织/非盟第一届国际食品安全大会成果文件——主席摘要见附件 3。

联合国粮农组织、世卫组织和非盟闭幕致辞见附件 4。

国际食品安全与贸易论坛

日内瓦

2019 年 4 月 23—24 日

　　国际食品安全与贸易论坛于 2019 年 4 月 23—24 日在日内瓦举行。本次论坛中两次会议的总体目标：一是明确应对全球食品安全当下和未来挑战的关键行动和战略；二是加强最高政治层面的承诺，提升食品安全在《2030 年可持续发展议程》中的重要性，本次论坛进一步深入探讨了食品安全贸易相关问题。出席论坛的嘉宾来自农业、卫生、贸易和金融等多部门，共 600～700 名与会者，包括各国部长、食品安全主管部门负责人、国家代表、消费者、学术界以及私营部门、民间机构和合作机构的代表。

　　本次论坛开始前召开了两场预备会议，会上倡导针对食品安全系统进行更有效的投资，强调食品安全和健康食品贸易的重要关系。在高级别开幕仪式上，世贸组织、联合国粮农组织、世卫组织和世界动物卫生组织的 4 位总干事，非盟农村经济和农业专员以及 4 位与会部长发表了讲话。论坛举办了 3 次专家小组讨论，现场互动热烈，会上指出了能力建设、数字化、透明度、伙伴关系和国际协作对未来食品安全和贸易发展的重要性。论坛日程见附件 5。

上午会议内容：数字化及其对食品安全贸易的影响
国际食品安全与贸易论坛

第一场预备会议
投资建设更好的食品安全体系——
食源性疾病对国家财政负担的评估

4月23日，10：00—11：30
主持人
Kazuaki Miyagishima，世界卫生组织食品安全和人畜共患疾病司司长
与会人员
Barbara Buck Kowalcyk，美国俄亥俄州立大学食品科学与技术系助理教授
Rob Lake，新西兰环境科学研究所社会系统风险评估部门经理
Delia Grace，肯尼亚国际畜牧研究所动物和人类健康项目负责人
Lindita Molla，阿尔巴尼亚公共卫生研究所食品安全与营养、健康与环境部主任
会议总结
Naoko Yamamoto，世界卫生组织全民健康覆盖和卫生系统部门助理总干事

本次预备会旨在增强食品安全意识，进一步突出政府、政策和监管层面进行干预的重要性，以满足食品安全的需求，分配资源，改善食品安全体系。

Kowalcyk 分享了她自己的故事，强调食品安全是全球公共产品。Kowalcyk 承认食品安全和食品生产体系复杂性，还强调了使用基于风险分析方法的重要性和食源性疾病对生活的影响。

Lake 解释，国家可以采取下列步骤来预估食源性疾病带来的负担——包括从情况分析、实际估算、再到知识转化的全过程。他强调，进行这样的全国性评估有几大好处：了解食源性疾病的负担，能够使政府在国家公共卫生资源分配和干预措施中优先考虑食品安全；促进贸易和遵守国际市场准入要求；明确系统需求和数据差距；协调多个国家和非国家行为体的食品安全工作。

Grace 提到了食源性疾病的经济负担，根据 2019 年世界银行的报告显示，在中低收入国家，每年因食源性疾病造成的生产力损失和疾病的治疗费用预计高达 1 100 亿美元。食源性疾病的经济损失主要集中在部分亚洲国家和非洲国家，但证据显示，加大资金支持确实能在一定程度上减少食源性疾病的经济负担。

Molla 分享了 2015 年在世卫组织的技术支持下，她作为首席调查员在阿尔巴尼亚开展国家负担研究的试验。尽管面临挑战，这项研究的多项成果将会提升阿尔巴尼亚的国家保障食品安全能力。

Yamamoto 表示，保障食品安全将有助于实现多个可持续发展目标，例如可持续发展目标中的第 1 项、第 2 项、第 3 项、第 8 项、第 12 项和第 17 项。然而保障食品安全不能仅由经济条件决定，否则，最后可能在富人与穷人、弱势群体的食品安全上实行"双重标准"。最后，Yamamoto 鼓励各国以食源性疾病的负担为由，吸引更多对食品安全系统的公共和私人资金支持。

第二场预备会议
贸易、食品安全和健康膳食

4月23日，11：30—13：00
主持人
Máximo Torero Cullen，联合国粮农组织经济和社会发展部助理总干事
开场致辞
Naoko Yamamoto，世界卫生组织全民健康覆盖和卫生系统部门助理总干事
与会嘉宾
Mario Mazzocchi，博洛尼亚大学"Paolo Fortunati"统计学系教授
Erik Wijkström，世界贸易组织贸易与环境司参赞，世界贸易组织《技术性贸易壁垒协定》（TBT）委员会秘书
Angela Parry Hanson Kunadu，加纳大学营养与食品科学系讲师

发言和讨论要点如下：

贸易给食品安全和健康饮食既带来了挑战，也创造了机遇。全世界都在实行推广健康饮食的政策，但执行效果差距很大。需要更多证据以证明政策的执行效果，以及食品营养政策对市场和贸易的影响。

贸易政策不能当作实现营养和健康饮食目标的最佳选择。然而，遵守世贸组织《技术性贸易壁垒协定》可以协调贸易机制，最大程度上减少潜在争端。

要实现粮食安全、食品安全和营养目标之间的平衡，需要有政治意愿，提供充分的数据信息。法律法规是实现平衡的关键，但制定法规需要包括公共部门、私营部门和学术界在内的各利益相关方的通力合作。

开 幕 式

世贸组织在日内瓦主办国际食品安全与贸易论坛，与会人员包括世贸组织总干事罗伯托·阿泽维多（Roberto Azevêdo）、联合国粮农组织总干事若泽·格拉齐亚诺·达席尔瓦（José Graziano da Silva）和世卫组织总干事谭德塞·阿达诺姆·盖布雷耶苏斯（Tedros Adhanom Ghebreyesus）参加，会议关注食品安全与国际贸易之间的联系以及数字化、贸易便利化和贸易关系协调三方面带来的挑战和机遇。

世贸组织、联合国粮农组织、世卫组织和世界动物卫生组织总干事在论坛开幕式上致辞，随后非盟和部分与会国家部长发表讲话。

世贸组织总干事罗伯托·阿泽维多指出，食品安全供应保障是公共健康的重要一环，也是实现可持续发展目标的关键。世贸组织《实施卫生与植物卫生措施的协定》（简称"SPS 协定"）强调了食物、健康与贸易政策之间的联系。在确保科学且符合目的的基础上，食品安全要求在保护公众健康的同时，最大限度减少了不必要的贸易成本和壁垒。SPS 协定参考了国际食品法典委员会（Codex）的标准，体现了世贸组织、联合国粮农组织和世卫组织工作的有益互补。罗伯托还指出，此次论坛成为各大国际组织共同参与应对未来政策挑战的范例。

世贸组织总干事/罗伯托·阿泽维多
（Roberto Azevêdo）

联合国粮农组织总干事/
若泽·格拉齐亚诺·达席尔瓦
（José Graziano da Silva）

若泽·格拉齐亚诺·达席尔瓦（联合国粮农组织总干事）指出，当前许多国家保障本国食品供应仍严重依赖进口，所以国际贸易是解决饥饿问题的重要手段。然而，世界各国应保证国际贸易的出口食品是健康安全的。因此，国际社会应推动建立适当鼓励消费品种多样、安全营养的食品规则和条例，这在当下至关重要。若泽·格拉齐亚诺·达席尔瓦还表示，本次论坛将有效深化国际组织之间的合作，加强国际食品法典权威，在全球范围内推广健康的粮食体系。

世卫组织总干事谭德塞·阿达诺姆·盖布雷耶苏斯将本次论坛视为把食品安全提升至更高水平、纳入全球健康议程主流内容的机会。谭德塞还呼吁，鉴于越来越多的国家正在寻求食典信托基金的援助，应加强对该项基金的支持。目前，食典信托基金已经成为国家食品控制系统真正的能力建设工具，并加强了国际食品法典的效力。谭德塞相信，本次论坛将助力与会国际组织在促进健康、保障世界食品安全和服务弱势群体方面开辟一条合作新道路。

世卫组织总干事/
谭德塞·阿达诺姆·盖布雷耶苏斯
（Tedros Adhanom Ghebreyesus）

世界动物卫生组织（OIE）总干事莫妮克·艾略特、联合国粮农组织总干事若泽·格拉齐亚诺·达席尔瓦、世卫组织总干事谭德塞·阿达诺姆·盖布雷耶苏斯和世贸组织总干事罗伯托·阿泽维多出席国际食品安全与贸易论坛。

世界动物卫生组织总干事莫妮克·艾略特强调了与会的 4 个国际组织工作的互补性。世界动物卫生组织为国际食品法典工作做出了巨大贡献，它将与联合国粮农组织、世卫组织组成三方联盟，共同努力实现"同一健康"理念。此外，世贸组织的 SPS 协定中也提到了世界动物卫生组织的动物卫生标准；动物卫生标准与食品安全密切相关，因为要生产安全的肉类产品就需要健康的动物。莫妮克·艾略特称论坛提供了机会，可以更有效地明确并解决促进食品安全所面临的多重挑战。

世界动物卫生组织（OIE）
总干事/莫妮克·艾略特
（Monique Eloit）

约瑟法·莱昂内尔·科雷亚·萨科（非洲联盟农村经济和农业委员）简要介绍了

非洲联盟农村经济和农业委员/
约瑟法·莱昂内尔·科雷亚·萨科
（Josefa Leonel Correia Sacko）

2019 年 2 月在埃塞俄比亚首都亚的斯亚贝巴举行的联合国粮农组织/世卫组织/非盟第一届国际食品安全大会的情况。

随后在开幕式上，H. E. Saleh Hussein Jebur（伊拉克农业部长）、H. E. Anna Popov（俄罗斯联邦消费者权益保护和公益监督局局长）、Hon. Peter Bayuku Konteh（塞拉利昂贸易和工业部长）和 H. E. Nasser Mohsen Baoom（也门公共卫生和人口部长）依次发言。

专题会议总结

专题会议一
数字化及其对食品安全和贸易的影响

主持人

Ousmane Badiane，国际食物政策研究所（IFPRI）非洲区域主任

与会嘉宾

Frank Yiannas，美国食品和药物管理局食品政策和应对机制助理专员

Enzo Maria Le Fevre Cervini，意大利数字化机构国际关系高级专家——部长会议主席

Lynn Frewer，纽卡斯尔大学食品与社会学教授

Simon Cook，科廷大学和默多克大学教授

　　第一场会议由 Ousmane Badiane 主持，会议探讨了日益发展的数字化和新技术的兴起对食品安全及贸易产生的变革和影响。参会者表示，更智能的食品安全时代即将到来，目前，各种数字农业技术正用于联结整条供应链上的运营商，改善产品溯源，有利于提升更高质量、更高附加值食品的生产贸易效率。然而，全世界还没有充分利用食品价值链数字化带来的机遇，因为目前数字化应用范围仍然有限，尤其是在低收入和中等收入国家，技术只能解决食品价值链的特定环节或特定位置出现的问题。因此，关键在于要制定综合解决方案、设计有效的基础设施治理模式和扩大监管框架，以加强互通，确保创造的价值在整个价值链中分配给所有的参与者。总之，要让尽可能多的国家的公共部门和私营企业合作贡献力量。

　　Simon Cook 重点关注的问题包括，将数字技术用于价值链、价值创造和共享，向农民提供高质量食品信息及生产方法，以及数字技术如何在普通大众中，通过分销网络改变生产实践和粮食体系。他还分享了关于扩大生产规模

（包括颠覆性的改变和积累性的扩张）和生产者的思考。Simon 强调发展数字技术需要一定的代价。数百万的小农户进军食品行业，他们将会运用新的数字技术，这需要明确如何将回收创造的价值分配到小农户手中；如何让他们了解消费者预期的产品质量并生产出符合质量要求的产品，生产出来源明确的高质量产品会有什么样的回报。关键在于要公平分享信息，减少对大型组织的偏私，因为大型组织往往积累了知识产权。Simon 表示，推动数字化管理的机构需要考虑推广相关政策，让农民劳有所得，这一点非常重要。

Enzo Maria Le Fevre Cervini 强调，食品供应链涉及从事食品生产加工、食品安全、公共卫生、贸易的多方参与者和官方机构，在这一背景下，获取可信度高的信息和分享信息的能力不可或缺，需要进行标准化。政府管理在其中的主要作用是对创新予以利好的政策、实践、法规支持，对标准化予以指导。他强调，数字化的时代已经到来，随着时间推移，数字化扩张会增加相关风险。因此，要对网络安全风险管理和对创新予以政策实践支持这两方面工作给予平等的资金支持。

Lynn Frewer 指出，数字化好处和风险并存。数字化带来的好处包括：实现不同地理位置间更快捷的交流；帮助农民收集和交换极端气候事件、农业技术数据等各种数据集；技术的灵活性。数字化存在一种风险，它催生了一批无法接收数字化信息的数字下层阶级。不是人人都能上网或使用智能手机；因此，这些群体在紧急情况下尤其容易遭受损失。社交媒体中不受控制的信息可能给生产者造成经济损失，所以，信息来源必须可靠。

Frank Yiannas 指出，食品掺假的一大原因在于食品生产链是匿名的，而且缺乏可追溯性。目前，数字技术仅应用于粮食体系部分环节。从农场到餐桌的整个食品生产链各环节都应用数字技术，才会真正行之有效。区块链等新兴数字技术有可能让食品生产链实现生产过程可追溯、透明和去中心化。这将有助于满足质量标准，实现真正的认证，实现数据共享和价值共享民主化。这需要分布式治理。数字化的优势在于拥有更高效、更智能的供应链，帮助农民与海关和消费者建立更紧密的联系并实现及时结算。

观众提出的问题涉及公共部门的角色、国际组织、合作、目标群体以及食品欺诈的处理。

小组讨论得出结论是：数字化具有变革意义。它将在支付、联系供应商和海关、获取市场信息和食品安全要求等方面为小农提供解决方案。但数字化在中低收入国家可能会遭到排斥而无法应用。电子认证或电子商务等多种平台可以简化、加快食品和农产品的跨境贸易，但同时需要新的治理和监管方法来确保安全。国际食品法典委员会在支持、促进符合相关国际公认标准的粮食体系数字化的工作上将发挥巨大的潜力。

专题会议二
确保食品安全和贸易的协同作用

主持人

Evdokia Moise，*经济合作与发展组织贸易和农业局高级贸易政策分析师*

与会嘉宾

France Pégeot，*加拿大食品检验局执行副总裁*

Tan Lee Kim，*新加坡食品管理局局长兼食品局副首席执行官*

Rajesh Aggarwal，*国际贸易中心（ITC）贸易便利化和商业政策主管*

Elizabeth Murugi Nderitu，*东非贸易标志组织标准和卫生和植物检疫措施部代理主任*

第二场会议由 Evdokia Moise 主持，他强调了贸易便利化和食品安全如何实现互补。贸易便利化不是给各国边境行之有效的食品管控设置障碍，而是通过实施更有效的控制手段和更加注重高风险食品检查，从而支持安全食品的贸易。他还建议了几种食品出入境前后的检查方式，以避免设置障碍。在这方面取得进展的国家靠的是公开透明的进口要求和工具包（例如单一窗口、根据风险水平优先检查的清关算法），这些要求和工具紧跟国际标准，尤其是食典委的标准。出口国和进口国当局之间的合作和信任同样重要，所有海关与边境卫生和植物检疫机构之间也应加强合作和信任，从而提高效率、避免重复检查。最后，私营部门需要充分参与，以确保参与者既要了解应该达到的监管要求，又要意识到与食品安全部门建立信任关系可能带来的好处。

France Pégeot 指出，加拿大作为一个出口导向型国家，在食品安全和贸易便利化之间的协同作用方面有 5 个关键优先事项。①现代的、以结果为导向的监管机构，类似食药监局的监管机构；②数字化工具和服务，如共享所有进出口数据的单一窗口电子平台，以及可减少边境颁发电子证书的负担；③综合的、以科学为基础的风险评估和风险管理；④一致和高效的检查；⑤在国家层面上促进私营部门、不同机构和政府之间的信任和透明度。必须确保私营部门实体了解监管要求，并将食品安全视为他们的责任，特别是对小型供应商。此外，在食品安全机构和边境管制部门工作的人员需要接受充分的培训，以创造一种专业、高质量的食品安全文化。

Tan Lee Kim 指出，新加坡是一个进口导向型国家，市场上 90% 的食品是从 180 多个国家进口的。新加坡正在采用科学的风险管理方法，在允许贸易进行的同时确保食品安全。为了优化工作量，开展了基于风险的检查；高风险食品将被高频率地检查。对具有高公共卫生或卫生和植物检疫风险的食品进行源头认证，可以减少对高风险来源产品的严格检查；作为在保护健康和促进贸易之间取得平衡的措施之一，在保护健康和促进贸易之间，新加坡与十多个国家签订了区域化协议，新冠肺炎疫情暴发期间，只对受影响地区的受影响产品实施进口限制。对新加坡来说，在为新技术（如含有转基因酵母的替代蛋白质）提供国际标准方面存在着挑战，因此，有必要制定国家标准，并延迟市场准入。

Elizabeth Murugi Nderitu 重点介绍了许多发展中国家面临的挑战。通常情况下，在确保食品安全方面，相关国家机构和部委之间的合作和协调往往不足。由于海关与卫生和植物检疫机构之间缺乏合作，对统一的法规缺乏了解并存在障碍。实施贸易食品安全标准的国家在执行独立于国际标准的贸易食品安全标准时构成了额外的障碍，特别是对小农户而言，他们无法进入国际贸易。虽然生产者可能缺乏遵守食品安全标准的能力，但他们也可能只是对新的标准和要求缺乏了解。这可能是由于当地语言的翻译问题。符合标准的生产者面临的问题是由于缺乏认证服务或配备适当的实验室检测，他们无法证明自己的产品符合标准。因此，非常有必要加强各国的能力，以证明其生产商的资质合格，从而使其能够进入国际食品贸易。

© 世卫组织/Pierre Albouy

　　Rajesh Aggarwal 指出，许多发展中国家还没有克服发达国家解决的许多问题。私营部门应该能够一丝不苟地遵守食品安全法规和标准，并做到合规。食品安全监管机构往往认为他们自己也应该在能力建设和创造卫生、质量和食品安全文化方面发挥作用。食品安全应加强公私对话，特别是当法规发生变化时。此外，食品安全当局、检查机构和边境管制机构之间的协调非常困难。有必要提高透明度，提高生产者对标准的认识，并促进实验室的认证，以证明其符合标准。

专题会议三
在变革和创新的时期促进统一的食品安全监管

主持人

Guilherme da Costa，食品法典委员会主席

发言人

Rebecca Jane Irwin，加拿大公共卫生局，加拿大抗生素耐药性监测综合项目负责人

Anne Bucher，欧盟委员会卫生和食品安全总司长

Anthony Huggett，全球食品安全倡议（GFSI）董事会成员

Reri Indriani，印度尼西亚共和国国家药物和食品控制局药物、麻醉品、精神药物、前体和成瘾物质控制部代理副主席

　　专题会议三由 Guilherme da Costa 主持。主席宣布会议开始，强调了以科学为基础的食品安全标准国际协调的必要性，并强调了食品法典的核心作用。专题讨论小组成员阐明了各国在统一国内食品安全要求方面所面临的当代挑战。最近的全球挑战，如被抗生素耐药性的传播表明需要及时和协调的反应，借鉴以往的经验并在各方之间共享。这意味着在调整食品安全法规时要拥抱变化和创新，并使用所有可用的工具，但是食典委作为世界上食品安全领域最重要的标准制定机构的基本特征应该得到保持。同样，保持科学作为所有工作的基础，并确保标准始终以透明和有力的风险评估为基础，这一点仍然很重要。除此之外，国际社会还需要持续关注发展中国家的监管能力建设。作为他们充分和必要地参与国际协调的推动力。全球社会有能力识别和解决将全球标准应用于国家层面和企业之间差异很大情况下的挑战，这也将证明是至关重要的。归根结底，成功只能通过合作，只有通过所有人（政府、食品企业、学术界等）的努力才能取得成功，因为全球部门间合作将使所有利益相关方设计新的解决方案并相互学习。

Anne Bucher 强调，食品安全对人类健康至关重要，是国际贸易的推动者。她强调了以科学为基础的食品安全方法的重要性，重点是风险评估和管理。就像在欧洲，科学制定的食品安全标准是建立信任、保护消费者和协调跨国界食品安全法规的关键。欧盟认为，关键是要将基于科学的方法和协商一致的方法分开，在国家层面上透明地应用。此外，关于透明度和科学建议独立性的讨论也很重要。虽然在食品安全领域已经存在许多知识，但投资于研究以解决知识差距是至关重要的。例如，抗生素耐药性和环境可持续性的主题应该在全球议程上占据重要位置。该主题应成为全球议程的重点。私营部门也应加入进来，因为它提供了大量的数据和经验。Anne Bucher 还强调了食典与卫生和植物检疫措施实施协议在使各国加强其食品安全体系和允许国际贸易方面的重要性。

Rebecca Irwin 谈到了粮食体系中抗生素耐药性的日益严重性，以及需要一个从农场到餐桌的"同一健康"国际合作方法来解决这个问题，并让所有相关方参与进来。她强调，需要提高决策者、生产者和消费者对这一问题的认知和教育。必须确定每个实体的基本作用，并为实现共同目标采取明确的行动。可以通过管理议程下的良好风险管理程序来控制抗生素耐药性的风险。"三方＋1"联盟是部门间、国际合作的一个很好的例子，以减少抗生素耐药性的公共卫生负担，并分享社区的经验教训。Irwin 还指出，监测兽药残留和已经产生抗生素耐药性的生物体之间存在明显的区别，呼吁改进对抗生素耐药性的综合监测。

Reri Indriani 谈到了印度尼西亚在建立食品安全体系方面的成功以及一路走来所面临的困难。拥有政府、私营部门、学术界和公民社会的认识和支持是取得成功的关键。食典标准是印度尼西亚监管的基础，并且印度尼西亚食典委积极参加相关的国家委员会。学术界在协助制定食品安全监管框架方面发挥了重要作用，包括国家食品安全网络，一个食品实验室测试网络，这与印度尼西亚的风险评估构成国际协调监管的重要支柱。Indriani 强调了快速发展导致全球市场出现多重挑战，而食品安全必须考虑到公共卫生、经济、数字流畅性以及当地或文化产品和做法。中小型企业（SMEs）往往缺乏资源，在满足食品安全标准方面面临障碍，包括在使用抗生素方面。印度尼西亚正在加强生产者以及实验室的能力，以便能够实施食品安全法规。此外，有必要对消费者进行食品卫生教育，再加上发达国家和工业界的专业知识需要与所有利益相关者和国际组织密切合作，发达国家和行业的专业知识以消除发展中国家消费者保护和贸易便利化的技术障碍。

Antony Hugget 简要介绍了全球食品安全倡议的作用，它是一个将私营部门的不同利益相关者聚集在一起的组织。以确保世界各地的食品安全。过去，零售商一直在使用私人食品安全标准，没有与国际标准接轨，而全球食品安全倡议的要求是基于食品法典委员会的原则，在 162 个国家得到认可，包括一些国家监管机构。导致私营部门标准分歧的一个问题是国际标准制定的时间框架。诸如抗生素耐药性、食品接触材料和丙烯酰胺等问题在一些国家和欧盟都有规定，但在全球范围内没有。这些问题也已经成为贸易的障碍，食典委必须解决这些问题。虽然大多数大型企业有能力遵守国家和国际食品安全标准，但中小企业往往缺乏适当的资源。全球食品安全倡议的全球市场计划已经到位，以帮助发展中国家和中低收入国家的小公司达到食品安全标准并消除贸易壁垒。这也有利于大型企业，因为中小企业往往构成其供应商的一部分。在该计划中，全球食品安全倡议提供能力建设和指导，主要针对不同层次的农业和加工业务。全球食品安全倡议努力减少食品安全风险，并通过提高效率降低成本。它作为一个国际利益相关者平台，但不参与政策或认证，也不以任何方式拥有标准。私营部门拥有大量的食品安全数据和经验，通常已经与监管机构共享。为了促进公共和私营部门之间更好的交流，需要有一个信任和透明的环境，这种交流平台可以由国际组织牵头。

© 世卫组织/Pierre Albouy

闭　幕　式

　　在论坛的闭幕式上，联合国粮农组织、世卫组织和世贸组织都作了高级别发言。

　　Máximo Torero Cullen（联合国粮农组织助理总干事）强调了食品安全和贸易在当今世界中的核心地位。可以从论坛讨论得出的结论中得出这三个组织未来重要工作议程的方向。他的建议包括：解决现代食品价值链中的信息不对称问题，使其对小农户更具包容性；准确了解这些价值链中出现问题的原因和位置。准确了解这些价值链中出现问题的原因和地点（因果关系的证据），以

莫妮克·艾略特（世界动物卫生组织），若泽·格拉齐亚诺·达席尔瓦（联合国粮农组织），谭德塞·阿达诺姆·盖布雷耶苏斯（世卫组织）和罗伯托·阿泽维多（世贸组织）

及如何解决这些问题；促进政府在解决食品领域数字鸿沟方面发挥作用。因为政府可以引入合作和竞争。他还强调了整个公共部门在优化市场决定的利益或减少其负面影响方面所发挥的更广泛作用。

Naoko Yamamoto（世卫组织助理总干事）强调需要更多数据，以加强基于科学的食品安全方法。她回顾说，与全球卫生领导人讨论的其他主要问题（如疟疾或艾滋病毒）相比，食物中毒问题不太引人注目，因此存在严重的报告不足情况。她呼吁这三个组织继续扩大合作，并更广泛地加强其伙伴关系。由于在论坛上投入了大量资金，因此应尽一切努力保持改善食品安全的动力和对话。

Alan Wolff（世贸组织副总干事）赞扬了论坛具有未来导向的讨论重点。这表明，改善食品安全需要采取多部门、跨学科和合作的方法，涉及农业、卫生、贸易、经济发展、旅游和其他领域。食品安全是一项共同的责任，其最终结果将取决于能力建设和改善不同政府机构之间的合作，以及与私营部门、消费者组织和参与食品链的其他机构的合作。因此，在国际和区域组织以及价值链上的利益相关者之间建立强有力的伙伴关系将被证明是至关重要的。Alan Wolff 最后感谢论坛的所有参与者对国际参与的进程做出了重要贡献，他相信这不会就此结束。

附件

附件1 联合国粮农组织/世卫组织/非盟
第一届国际食品安全大会方案

●●● **2月12日** ●●●

10：00—11：30
开幕式

艾伯拉姆·阿萨内·马亚基（Ibrahim Assane Mayaki），非洲发展新伙伴关系（NEPAD）首席执行官——会议主席

约瑟法·来昂内尔·科雷亚·萨科（Josefa Leonel Correia Sackc），非洲联盟农村经济和农业事务专员

若泽·格拉齐亚诺·达席尔瓦（José Graziano da Silva），联合国粮农组织总干事

谭德塞·阿达诺姆·盖布雷耶苏斯（Tedros Adhanom Ghebreyesus），世界卫生组织总干事

罗伯托·阿泽维多（Roberto Azevêdo），世贸组织总干事

穆萨·法基·穆罕默德（Moussa Faki Mahamat），非洲联盟委员会主席

阿比·艾哈迈德（Abiy Ahmech），埃塞俄比亚总理

12：00—13：00
开幕式部长圆桌会议
应对食品安全挑战

Oumer Hussein，埃塞俄比亚农业部长

Noel Holder，圭亚那农业部长

Datuk Seri，马来西亚卫生部长

Ezechiel Joseph，圣卢西亚农渔业、物质规划、自然资源和合作社部长

Peter Bayuku Conteh，塞拉利昂贸易和工业部长

Sun Meijun，中国国家市场监管总局副局长

Ashraf Esmael Mohamed Afifi，第一副部长——埃及标准化和质量组织董事会主席

Erkinbek Choduev，吉尔吉斯斯坦农业、食品工业和土地开垦部副部长

主持人

Girum Chala，中国国际电视台（CGTN），埃塞俄比亚记者

14：30—16：30

专题会议一

食源性疾病的压力以及投资食品安全的益处

不安全食品的公共卫生负担：需要全球义务承担

Arie Hendrik Have Iaar，美国佛罗里达大学教授

投资于食品安全的经济案例

Steven Jaffee，世界银行首席农业经济学家

利用私营部门投资促进安全的价值链

Ed Mabaya，非洲开发银行经理

中低收入国家以人为本的食品安全投资

John McDermott，国际农业研究磋商小组研究主任、农业促进营养和健康计划主任（A4NH）基金会、国际粮食政策研究所（IFPRI）

应对食品安全风险的综合方法的必要性——以霉菌毒素为例

Chibundu Ezekiel，尼日利亚巴布科克大学高级博士后，研究员

主持人

Nathan Belete，世界银行农业全球业务经理

16：30—18：30

专题会议二

在气候加速变化时代的安全和可持续粮食体系

气候变化及其对食品安全的影响

Cristina Tirado - von der Pahlen，美国洛约拉马利曼大学国际气候倡议组织主任

安全和可持续的作物生产：实现目标

Howard - Yana Shapiro，美国玛氏公司首席农业官

气候变化背景下安全可持续畜牧生产

Tim McAllister，加拿大农业和农业食品部首席研究科学家

安全和可持续的水产养殖集约化

José Miguel Burgos，智利大学研究员、智利国家渔业与水产养殖局前局长

替代食品和饲料产品

Eva Maria Binder，奥地利 ERBER 集团首席研究官

主持人

Abebe Haile－Gabriel，联合国粮农组织助理总干事兼非洲区域代表

18：30—19：30
专题研讨
民间社会和私人部门

Leon Gorris，国际食品科学与技术联合会（IUFoST）食品安全部负责人

Cris Muyunda，非洲农业发展综合计划（CAADP）民间组织协调员

Samuel Godefroy，加拿大拉瓦尔大学教授

Laura Fernández Celemín，欧洲食品信息委员会（EUFIC）总干事

Owen Fraser，美国官方分析化学师协会（AOAC 国际）撒哈拉以南非洲分会主席

Greg S. Garrett，全球营养改善联盟（GAIN）食品政策与融资部主任

Barbara Kowalcyk，美国食源性疾病研究与预防中心（CFI）联合创始人和前首席执行官

David Crean，美国玛氏公司企业研发部副总裁

主持人

Girum Chala，中国国际电视台（CGTN），埃塞俄比亚记者

19：30—21：30
会议接待处
多功能厅

••● **2 月 13 日** ●••

9：00—11：00
专题会议三
服务于食品安全的科学、创新和数字变革

全基因组测序——为全球深化对粮食体系的了解做铺垫
Juno Thomas，南非国家传染病研究所肠道疾病中心主任
新型食品生产
Aideen McKevitt，爱尔兰都柏林大学学院教授
加强食品安全的新型分析方法和模型
Steven Musser，美国食品和药物管理局科学运作中心副主任
开发和采用本地食品价值链技术的政策考量
Kennedy Bomfeh，加纳大学食品科学家
粮食体系数字化转型
Mark Booth，澳大利亚和新西兰食品标准组织首席执行官
主持人
Robert van Gorcom，荷兰瓦赫宁根研究中心食品安全研究所所长

11：30—13：30
专题会议四
使消费者能够选择健康的食物并支持可持续的粮食体系

粮食体系日趋复杂的情况下，了解食品安全风险和不确定性并满足公民期待
Barbara Gallani，欧洲食品安全局（EFSA）交流参与合作部门主管
数字时代与公众就食品安全和质量问题进行有效沟通和接触
Lynn Frewer，英国纽卡斯尔大学教授
采取行动促进饮食转型、应对营养不良三重负担的必要性
Francesco Branca，世界卫生组织营养促进健康和发展部主任
利用食品安全的市场驱动力
Stephen Mbithi，肯尼亚新鲜农产品出口商协会技术顾问和前首席执行官
分担赋权消费者的责任
Rebecca Berner，墨西哥消费者国际机构发展主任
主持人
Svetlana Akselrod，世卫组织非传染性疾病和心理健康部助理总干事

14：30—15：30
附属活动
非盟特别活动
自由贸易区中的安全食品贸易问题

15：30—16：00
专题研讨纪要

Ibrahim Assane Mayak，非洲发展新伙伴关系（NEPAD）首席执行官——会议主席

16：00—17：00
专题研讨
政策制定者和国家机构领导者

Pawan Agarwal，印度食品安全和标准局首席执行官
Jorge Dal Bianco，阿根廷国家食品安全与质量局（DNICA）
Sètondji Epiphane Hossou，贝宁食品安全局（ABSSA）局长
Zainab Jallow，冈比亚食品安全质量监督局总干事
Bernhard Kühnle，德国联邦食品和农业部食品安全和动物卫生局长
Mohammad Mahfuzul Hoque，孟加拉国食品部孟加拉国食品安全局主席
Hussein Mansour，埃及农业和土地开垦部国家食品安全局主席
Pietro Noè，意大利卫生部食品卫生、安全和营养总局局长
Vyacheslav Y. Smolenskiy，俄罗斯联邦消费者权益保护和公益监督局副局长
主持人
Mary Lou Valdez，美国食品和药物管理局国际项目办公室国际项目协理专员

17：00—18：00
专题研讨
合作组织机构

Jimmy Smith，国际家畜研究所所长
Jean‑Philippe Dop，世界动物卫生组织机构事务及区域活动副局长
Aurelia Patrizia Calabrò，联合国工业发展组织计划发展和技术合作司司长

Simeon Ehui，世界银行农业主管
Matthew Hudson，欧洲委员会卫生和食品安全总局食物生产链代理主任
Stephanie Hochstetter，世界粮食计划署驻罗马机构协调处处长
主持人
Girum Chala，中国国际电视台（CGTN），埃塞俄比亚记者

18：00—19：00
闭幕式
各小组关于食品安全未来的亚的斯亚贝巴声明的关键信息进行总结
闭幕词

附件2 联合国粮农组织/世卫组织/非盟第一届国际食品安全大会开幕式致辞

发言人

约瑟法·来昂内尔·科雷亚·萨科 (H. E. Amb. Josefa Sacko)
非洲联盟委员会农村经济和农业事务委员

尊敬的女士们、先生们：

我非常高兴代表非洲联盟向大家表示热烈欢迎，并对埃塞俄比亚政府和人民接受我们主办这次活动的请求表示感谢。

欢迎各位来到非洲和非洲联盟总部。

我想说的是，我们都是以不同的身份参加这次会议。我们当中有总统、部长、食品安全机构负责人、食品安全方面的权威、技术专家、国际组织、发展组织、食品生产商、私营部门、民间社会和媒体。

尽管如此，我们都因为一个共同的目标团结在一起，那就是食品安全，我们都是消费者！而我们对保证食品安全的追求也是如此。我们对保证粮食体系安全的追求促使我们走到了一起。我希望你们都很好，并且和我一样，很高兴在这里讨论食品安全问题。

我感谢我们的共同组织者联合国粮农组织和世卫组织，以及欧盟和其他支持本次会议合作伙伴的坚定支持。感谢你们的不断的支持。

多年来，各国政府、发展组织和其他合作伙伴为改善全球食品安全做出了巨大的投资并取得进展。然而，我们的粮食体系所面临的挑战仍然很多。

一些国家基于食品安全风险的法律不足，监管监督和推广活动的局限性，再加上食品安全研究成果没有充分纳入食品管理系统，这些仍然是保证消费者食品安全的障碍。

女士们、先生们，

今天，我们面临着另一个公共健康威胁——抗生素耐药性。在过去的几十年里，不适当地使用抗生素，特别是在人类和动物身上，已经加速了对常用抗生素抗药性的进化。

我们现在见证了耐药生物体的传播和流行，包括耐药食源性病原体，这对食品安全有直接影响。食用被耐药食源性病原体污染的食物意味着人类将患上无法再治愈的食源性疾病。如果世界各国不采取紧急缓解措施，多年的公共卫生成果可能很容易被抗生素抗性所破坏。

不断变化的极端天气是同样重要的环境压力因素，可能会加剧我已经列举过的食品安全挑战。食品安全还直接影响到 2030 年之前结束所有形式的饥饿和实现粮食安全的全球目标。不安全的食品会导致不安全的粮食，因为它减少了可供消费的粮食数量。

显然，在寻求解决这些食品安全挑战方面，任何国家或地区都不能孤立存在。我们需要反复的思考和不断的努力，使所有国家达到一个可接受的能力门槛，让食品安全能够得到管理，以保护公众健康，并使当地或国际市场的食品贸易受到最小的影响。

我们需要高度重视并在世界所有国家加强食品安全管理。为实现安全和环保的食品生产，我们迫切地需要建立明确的战略。

解决当代食品安全问题将需要改变多个部门和学科的政策和做法。

女士们、先生们，

非洲联盟仍然致力于呼吁这一响应，并将继续保持战略伙伴关系，以支持我们的成员国建立和运行实用而有效的体制结构，提供政策指导，创造政策环境，确保提供安全和营养的食物。

我对本次会议的高级别政治代表所发展的不同经验感到鼓舞。毫不怀疑，这次会议将作出必要的承诺，以加强和更好地协调合作和支持，改善全球食品安全。

再次欢迎大家来到非洲和非洲联盟总部，祝愿你们的审议工作取得丰硕成果。

谢谢大家。

发言人

若泽·格拉齐亚诺·达席尔瓦（José Graziano da Silva）

联合国粮农组织总干事

2019 年 2 月 12 日，亚的斯亚贝巴

首先，我要感谢埃塞俄比亚政府和非洲联盟委员会，特别是主席 Moussa Faki 和专员 Josefa Sacko，感谢他们与联合国粮农组织、世卫组织和世贸组织一起主办并共同组织这次非常重要的会议。

首先让我通过强调食品安全是《2030 年可持续发展议程》的一个基本要素开始发言，它与许多可持续发展目标直接相关。

事实上，没有食品安全，我们就无法消除饥饿和所有形式的营养不良，即可持续发展目标第 2 项。

没有食品安全，就没有所有人的健康生活，即可持续发展目标第 3 项。

没有食品安全，就没有可持续的生产和消费模式，即可持续发展目标第 12 项。

没有食品安全，就没有能够帮助经济持续增长的国际食品贸易，即可持续发展目标第 8 项。

这就是为什么联合国粮农组织、世卫组织和世贸组织正在组织两次重要会议，讨论食品安全的未来，并进一步加强我们的联系和合作的工作。

在亚的斯，正如萨科专员已经提到的，我们将把辩论的重点放在食品安全对消除各种形式的营养不良的重要性上。

4 月 23—24 日，在日内瓦举行的第二届食品安全会议将讨论加强食品安全标准以改善和加强国际贸易的重要性。

也请允许我感谢世界动物卫生组织和其他机构，它们为组织这些高级别活动提供了宝贵支持。

女士们、先生们，

粮食安全不仅意味着生产足够的粮食，也应该让所有的人都能获得这些粮食。

粮食安全还意味着所有的食物必须是安全的，可以消费的。

今天，世界生产的粮食足以养活所有人，但我们有明确的证据表明，这些粮食不安全或不健康也是一个重要的部分。

如今，有超过 10 亿人患有微量营养素缺乏症，此外近期遭受饥饿的人也是不断增加。

大约有 1.5 亿儿童发育不良。

同时，超过 6.7 亿人患有肥胖症。肥胖症人的数量在各地都在增长。我们正在见证肥胖症的全球化。

此外，根据世卫组织的数据，食源性疾病影响到 6 亿人，每年造成超过 42 万人死亡。

不安全食品造成的影响远远不止人类的痛苦。它会阻碍社会经济发展，并使卫生保健系统不堪重负。

营养不良是当今世界人类健康损失的最大原因。据估计，营养不良每年给全球经济带来高达 3.5 万亿美元的损失。

仅肥胖症一项，每年的直接医疗费用和经济生产力损失就达 2 万亿美元。

这与吸烟或武装冲突的成本相似。

所有这些数字表明，我们不能只关注食物的生产数量。我们还必须投资于供消费的食品的质量。

没有食品安全，就没有粮食安全。

女士们、先生们，

由于许多因素，如城市化、新的饮食趋势和气候变化的影响，消费模式正经历着快速的变化。

研究表明，气候变化将使某些类型的食物存在更大的风险，导致更不健康。

在一些主食作物中，气候变化可能增加致癌物质的风险，如黄曲霉毒素。特别是在热带地区，随着温度上升和降雨模式的改变，可能会出现这种情况。

气候变化也在降低重要主食作物（如小麦、大麦、马铃薯和大米）中的重要营养物质的含量，如锌、铁、钙和钾。

例如，一些小麦品种有更多的碳水化合物和更少的蛋白质。所有这些威胁只会增加。

世界气象组织（WMO）已经证实，过去4年是有记录以来温度最高的一年。

科学出版物柳叶刀（Lancet）发布了一份非常有趣的报告。

它强调，世界今天正面临着他们称之为"肥胖、营养不良和气候变化的全球综合征"。

这三种大流行病（肥胖、营养不良和气候变化的全球综合征）在时间和地点上并存，并相互影响，产生复杂的后果。

因此，我们必须通过粮食体系方法来共同面对所有这些挑战。

我们必须保证我们的粮食体系为所有人提供安全、健康和有营养的食物。这需要在许多方面采取行动。

例如，在农业中减少使用化学品和杀虫剂；投资于农业部门的适应性，以及为消费者提供更完整的食品标准。

抗生素耐药性污染的食品也是对人类的一个主要威胁。我们迫切需要停止在动物身上以预防方式使用抗生素或刺激动物生长的做法。

在所有这些情况下，具体的立法和公共政策都非常重要。

我们还需要投资于监督、监测和信息技术，以改善我们的食品安全系统。

为此，跨部门合作是根本，特别是在"同一健康"方法的概念下。

女士们、先生们，

今天，我们有全球化的食品市场和食品供应链。

一个地方的问题可以迅速升级为国际紧急情况，使世界各地的人口面临食物危机。

例如，许多发展中国家的粮食供应有很大一部分是进口的，其中一些国家几乎完全依赖粮食进口。

在这种情况下，有必要加强和协调贸易标准，建立强有力的法律框架，并将基于实证的食品安全政策纳入国家和区域政策。

联合国粮农组织和世卫组织联合食品法典作为一个政府间食品标准制定机构，为此提供了一个伟大的平台。

食典标准涵盖了整个食品生产链，确保食品可以安全食用是没有边界限制的。

这对改善和提高国际贸易至关重要。科学、创新和数字技术也发挥着关键作用。

例如，电子认证计划可以促进监督检查的实施，还可以促进小型家庭农场主的市场准入。

女士们、先生们，

本次会议是国际社会加强政治承诺和参与关键行动的绝佳机会。

保障我们的粮食安全是一项共同的责任。我们都必须发挥自己的作用。

我们必须共同努力，在国家和国际政治议程中加强食品安全。

非常重要的是，各国能够在本次会议上都赞同《亚的斯亚贝巴食品安全声明》。

这将有助于指导国际社会的前进道路。

6月7日，我们将庆祝第一个世界食品安全日。这也将提供一个很好的机会，提高公众意识，激发行动，促进全世界的食品安全。

最后，请允许我重申：没有食品安全，就没有粮食安全。而如果粮食不安全，那么就不是食品。

谢谢您的关注。

发言人
谭德塞·阿达诺姆·盖布雷耶苏斯 (Tedros Adhanom Ghebreyesus)
世卫组织总干事

尊敬的埃塞俄比亚总理阿比·艾哈迈德·阿里（Abig Ahmed Ali）阁下，

尊敬的非洲联盟委员会主席穆萨·法基（Movssa Faki）阁下，

尊敬的非洲联盟农村经济和农业事务专员约瑟法·来昂内尔·科雷亚·萨科（Josefa Leonel Correia Sacko）阁下，

尊敬的联合国粮食及农业组织总干事若泽·格拉齐亚诺·达席尔瓦（José Graziano da Silva）先生，

尊敬的世界贸易组织总干事罗伯托·卡瓦略·德·阿泽维多（Rdert Car-valho de Azevedo）先生，各位阁下，

尊敬的代表们、同事们、女士们和先生们，

像空气和水一样，食物是生命本身的根本。我们需要它来生存和茁壮成长。

但食物的意义远不止于此。它是一种享受的来源，是文化和信仰的表达，是一种艺术形式，将家庭、朋友和社区联系在一起。

食物是人类需求的一个重要部分。这就是为什么不安全的食物是如此令人无法接受。

它将本应是营养和享受的来源变成了疾病和死亡的来源。

不安全食品每年造成数十万人死亡。然而，食品安全并没有得到应有的政治关注。有多少人得了腹泻会去看医生？很少。

如果他们这样做了，这种症状与受污染的食物有关的可能性有多大？非常低。如果确诊为食物中毒，是否会向卫生当局报告该病例？很少。

由于报告数量的不足，全球食源性疾病的负担一直不为人知，直到世卫组织在2015年公布了第一个估计值。

今天，我们知道，由化学品、病毒、细菌和寄生虫引起的食源性疾病每年导致数十万人死亡。

受影响最大的是非洲和南亚的5岁以下儿童。对于这种不可接受的情况，我们能做些什么？

改善各国的食品安全需要在几个领域持续投资，从更严格的监管到更好的实验室、更严格的监督以及更好的培训和教育。

从历史上看，食品安全体系的升级是由食源性疾病大规模暴发引起的。

20世纪90年代，因食用受污染的牛肉导致的变异型克雅氏病出现后，欧洲和世界其他地区的食品安全系统实现了现代化。

幸运的是，类似的食品安全危机事件是很少发生。

但是很多暴发过的食源性疾病很快就被政策制定者和大众遗忘了。

食品市场和食品供应链现在是大规模的全球产业。

例如，A国种植的粮食可能出口到B国加工。然后在C国将其与D国、E国和F国生产的其他成分合并成最终产品，然后在G国销售。

如果存在安全问题，召回食品可能极为复杂——在互联网上销售的甚至更加困难。

所有这些都意味着食品安全事关每个人。

最薄弱环节决定了我们的安全程度。

为了连接国家食品安全系统，世卫组织和联合国粮农组织在10多年前创

建了国际食品安全主管部门网络。

国际食品安全主管部门网络通过共享信息、经验和解决方案，支持各国管理食品安全风险。

但各国对国际食品安全主管部门网络的承诺水平仍然参差不齐。

我邀请您参观本会议室外的国际食品安全主管部门网络展台，并考虑贵国可以为这个网络多做多少贡献、多一点受益。

在全球化时代，我们必须一起努力。

各位阁下、女士们、先生们，

食品安全不仅对战胜饥饿、促进健康重要，对实现可持续发展目标尤为重要。

食品安全与许多其他可持续发展目标密切相关，包括经济增长、创新、负责任的消费和生产，以及气候行动。

作为联合国十年营养行动的一部分，许多国家在营养方面做出了承诺，但很少有国家在食品安全方面做出承诺。

但是没有食品安全，就没有粮食安全。

各国必须解决的一个领域是与食物链中的抗生素耐药性作斗争。在食用动物中不当使用抗生素导致人类病原体耐药性的出现。

另外一个问题是气候变化对食品安全的影响。我们需要了解这两个问题之间的不良关联，并从现在开始采取行动与之斗争。

这两个问题突出表明，食品安全不是一个机构或一个部委的问题。

我很高兴这次会议汇集了来自公共和私营部门、农业、渔业、环境、贸易和食品产业的代表。

没有这种合作，我们就无法减少食源性疾病的羁绊。

我们只有采取全面解决食品安全问题的"同一健康"方法，才能取得进展。

各位阁下、女士们、先生们，

谢谢你们为这一问题作出的承诺。

我还有三个请求。

首先，从我们的错误中学习。利用这次会议分享经验，了解问题并确定解决方案。每一次食源性疾病的暴发都是一个机会，以确保同样的事情不再发生。

其次，建立沟通桥梁。本次会议是一个在国家内部和国家之间、部门内部和部门之间建立强大网络的机会。

最后，为投资而创新。世界需要一种机制，以可持续的方式投资于食品安全，并适应国家和地区的情况。本次会议是为该机制奠定基础的机会。

去学习、去建设、去创新！

谢谢大家。

发言人

罗伯托·阿泽维多（Roberto Azevêdo）

世界贸易组织总干事

各位阁下，

女士们、先生们，

早上好。很高兴今天能参加此次会议。

食品安全是公共健康的核心元素，对于实现《2030 年可持续发展议程》目标至关重要。

所以本次会议以受欢迎的方式强调这一重要议题。

世贸组织很高兴能成为其中的一部分。事实上，我们将于 4 月 23—24 日在日内瓦总部主办此次活动的第二部分：联合国粮农组织/世卫组织/世贸组织食品安全与贸易论坛。这将是一个探讨与贸易问题更深层次相互联系的机会。

贸易很重要，因为它有助于使人们摆脱贫困，促进经济增长，帮助工人找到更好的工作，帮助企业找到新的市场，帮助消费者以更低的价格获得更广泛的产品。

世界贸易组织支撑着全球贸易——非洲大陆自由贸易区等重要的区域倡议是其补充。

但我们的工作不仅仅是促进贸易。我们还必须确保贸易与重要的公共政策和食品安全等健康要求一起发挥作用。

我们需要保持有效的食品控制体系，以确保进口食品的安全。

消费者需要能够信任他们进口的食品，就像信任国内供应的食品一样。进口食品有助于降低价格，特别是对于社会中最贫困人口消费的商品而言——他们需要确信他们的食品是安全的。

同样，出口商必须了解食品安全标准并能够遵守这些标准。

世贸组织及其一系列规则和纪律，帮助我们实现这一切。世贸组织的卫生和植物检疫协议就是一个典型的例子。

自 24 年前生效以来，该协定已做出了非常重要的贡献。它确保食品安全要求以科学为基础，并符合目的，从而保护公众健康，同时最大限度地减少不必要的贸易成本和障碍。这符合所有人的利益。

充分利用贸易体系来实现这些目标是需要能力的。联合国粮农组织、世卫组织和世贸组织，以及世界动物卫生组织和世界银行，在我们共同建立标准和贸易发展基金（STDF）时，都意识到了这一点。

该基金为发展成员国提供了一个平台，使其能够共同参与：

- 讨论该领域需要的能力建设；
- 分享经验和良好实践，撬动更多资金；
- 并努力寻找协调统一的解决方案。

标准和贸易发展基金还为开发和实施创新项目提供资金，以便公共和私营部门都受益。目的是在发展中国家建立执行国际卫生和植物检疫标准的能力，帮助他们取得和保持市场准入资格。

这是一项重要的工作。在食品安全和贸易所面临的新机遇和新挑战的背景下，这项工作尤为重要。

当我们4月在日内瓦再次召开会议时，我们将更深入地思考其中的一些问题，所以我今天的发言会非常简短。

让我从数字化和新技术的使用开始。它们已经对食品安全和贸易产生了影响。

这些技术使得供应链中的食品溯源变得更加容易，而溯源能力是确保食品安全和在食品安全出现风险时应对的关键。电子认证可以比纸面认证系统更加可靠和高效，其可以降低成本并促进贸易。

但新技术的应用需要投资。因此，讨论的一个重点必须是如何缩小处于不同发展水平的国家之间的数字鸿沟。

在这种情况下，世贸组织的贸易便利化协议可以发挥积极作用。它的目的是简化边境程序，帮助货物更顺利、更快速地流动。当你的出口产品是易腐产品时，如肯尼亚的切花或绿豆和埃塞俄比亚的动物产品，减少货物跨越边界所需的时间会产生很大的不同。而降低贸易成本对每个人都很重要。

当然，进口产品的安全也需要得到保证，该协议（贸易便利化协议）承认不同边境机构之间的合作起着根本性的作用。

另一个关键问题是信息的获取。

对贸易商的调查显示，信息获取的成本非常高。要了解他们的产品到底需要符合哪些食品安全和其他要求，以及在边境适用哪些程序和文件要求，可能需要花费大量的时间和资源。

因此，提高信息透明度是至关重要的。这是我们在世贸组织工作的一个关键部分。我们正在努力使贸易商和价值链上的生产者更容易找到这些基本信息。

在这方面，世贸组织、国际贸易中心和联合国经济和社会理事会一起，开发了一个名为 ePing 的工具。该工具旨在帮助小企业、贸易商和其他利益相关者随时了解食品安全和其他需要。当市场或他们感兴趣的产品有新消息时，他们就会通过邮件接收到新消息。

这一创新已经被证明是非常成功的——因此我认为未来应该继续建设。

从更广泛的角度来看，我们需要确保我们保障食品安全和一般农业领域的生产所使用的技术是最新的。

农民需要获得现有的最佳信息和技术，而消费者也越来越期望获得有关其食物的信息。

规章制度应该支持这一点。因此，我们应该研究农民、消费者和参与食品价值链的人如何从数字革命中获益——为了我们所有人的利益。

我察觉到人们真正希望对这些问题进行深入讨论。我们必须确保我们做好充分准备，迎接挑战，抓住新机遇。

预祝会议成功，希望大家在未来几天进行富有成效的交流。

期待和欢迎大家在 4 月来到世贸组织，继续进行对话。

谢谢大家。

欢迎词
穆萨·法基·穆罕默德 (H. E. Moussa Faki Mahamat)
非洲联盟委员会主席

即将离任的非洲联盟主席保罗·卡加梅（Poul Kagume）阁下，

马上就任的非洲联盟新任主席阿卜杜勒·法塔赫·赛义德·侯赛因·哈利勒·塞西（Abdel Fattah Saeed Hussein Khalil El‐Sisi）阁下，

各位国家元首和政府首脑，

联合国粮农组织总干事若泽·格拉齐亚诺·达席尔瓦（José Graziano da Silva），

世界卫生组织总干事谭德塞·阿达诺姆·盖布雷耶苏斯（Tedros Adhanom Ghebreyesus），

尊敬的各位代表团团长，

特邀嘉宾，

在我开始演讲之前，我想先问观众一个非常有趣的问题。请问在座的各位，谁在一生中从未成为食物中毒或任何其他与食物有关的疾病的受害者？这将表明我今天演讲的主题是多么重要。

今天，非洲联盟委员会和联合国再次走到一起，应对一个共同的挑战。非盟和联合国之间的伙伴关系由来已久，可被视为最具战略性的伙伴关系之一。为了加强这一点，2018 年 1 月，我们签署了非盟—联合国实施非洲《2063 年议程》和《2030 年可持续发展议程》的框架。联合国粮农组织/世卫组织/非盟第一届国际食品安全会议表明了这种不懈的伙伴关系。非洲联盟委员会非常赞赏这一联盟。

食品安全议程对所有利益相关者来说是一个重要议程。每年有数百万人患有食源性疾病。每年有成千上万的人（约 42 万）因食源性疾病而死亡。然而，非洲大陆每天都受到食品安全挑战的影响。患有食源性疾病人群比例过大，其数量和死亡人数都是世界上最高的。世界卫生组织告诉我们，目前，在非洲，食源性疾病每年有 9 100 多万例。同时，发育不良和体重不足影响了 39％的非洲 5 岁以下儿童。因此，本次会议在非洲这里举行并非巧合，这是一种需要。非洲人应该得到安全的食物。

在过去的几十年里，我们的成员国意识到农业、粮食安全和贸易在非洲大陆发展中的重要性，在通过非洲大陆战略方面取得了进展，如 2003 年的非洲农业发展综合计划（CAADP），随后通过 2014 年的马拉博宣言和非洲大陆自由贸易区对 CAADP 再次做出承诺。

虽然对食品安全和贸易的持续关注势在必行，但对食品安全系统的有限关注可能会弄巧成拙。食品安全受到的投资和政策关注最少，只有在发生食源性疾病暴发时才会引起我们成员国的注意。结果导致食品安全系统薄弱，人们不得不独自战斗。

我们《2063 年议程》的核心项目之一是非洲大陆自由贸易区（Af-CFTA），这是一个商品和服务的大陆市场，具有人员和投资的自由流动，同时还通过更好地协调贸易自由化来加速非洲内部贸易。

对于任何人来说，食品安全已成为出口市场的重要先决条件，如果不积极解决，可能会成为非洲大陆自由贸易区的障碍，特别是在农产品和服务方面，以及非洲农业部门的竞争方面，这对任何人来说都不足为奇。

多年来，非洲联盟一直致力于通过其各种技术机构改善非洲人的生活，例如致力于动物健康的非盟动物资源局、泛非洲舌蝇和锥虫病根除运动和泛非兽医疫苗中心，以及致力于植物健康的非洲植物检疫理事会。迄今为止，还没有形成一个机制来处理和协调非洲大陆的食品安全问题。现在是时候了，食品安全应该得到应有的关注。正是在这种背景下，我们非洲联盟正在努力建立一个大陆食品安全局。该机构由非盟协调，将支持非盟成员国和区域经济共同体应对食品安全方面的复杂挑战，并支持推进非洲大陆的发展战略。

今天，我高兴地看到，最高政治机构聚集在一起讨论食品安全挑战，不仅是在非洲，而且是在全球。看到来自不同国家、组织和专业的利益相关者走到一起，讨论我们大陆和全球的食品安全问题，也是令人欣慰的。各大洲为改善人民生活的共同目标而进行的合作，将促进更多的理解并走向一个合作的世界。

非洲和全球的食品安全负担不会减弱。各国必须通过人力和基础设施能力建设，通过创造充满活力的食品安全文化来实现行为的改变，并确保更好的监管机制来建立其食品安全体系。

最后，在我们继续努力实现"我们希望的非洲"时，我恳请各国政府对我们的非洲大陆议程拥有自主权，并共同努力建立强大的联盟和机构，以保护和改善非洲人的生活。

感谢你们的关注，并祝愿你们的审议工作取得丰硕成果！

附件 3　主席总结

联合国粮农组织/世卫组织/非盟第一届国际食品安全大会于 2019 年 2 月 12 日—13 日在埃塞俄比亚亚的斯亚贝巴举行，来自 110 多个政府、相关国际和区域政府间组织以及民间社会和私营部门的 500 多名与会者参加了会议。

与会者回顾了各国政府和其他利益相关方过去和现在所做的努力[①]；强调了食品安全在实现《2030 年可持续发展议程》，特别是其可持续发展目标第 2、第 3 和第 8 个目标方面的不可或缺的作用；并认识到每年有 6 亿人患食源性疾病，并造成 42 万例病人死亡[②]，仅在低收入和中等收入国家，这就意味着每年有 950 亿美元的生产力损失[③]。与会者进一步注意到气候和全球食品生产和供应系统正在发生的变化[④][⑤]，并注意到有必要通过改进和基于有证据证明的健康和营养信息及教育来增强消费者的食品安全意识。

另外，与会者还强调了：

1. 将食品安全纳入国家和区域政策，作为实现《2030 年可持续发展议程》的一种手段，通过在多个部门制定坚定的政治承诺和协调一致的行动，以促进安全和多样化的健康膳食；

2. 加强各国对食品法典委员会标准制定工作的参与，促进法典标准的实施；

3. 加强跨部门合作，采用多部门的"同一健康"方法，应对粮食生产系统的可持续性挑战，确保安全、充足和富有营养食品的供应和获取；

[①] 联合国粮农组织大会决议 3/2017、4/2017、9/2017、3/2013、2/97；世界卫生大会 WHA53.15、WHA55.16 和 WHA63.3 号决议；2014 年由联合国粮农组织和世卫组织的第二届国际营养大会通过的《罗马营养宣言》和《行动框架》，以及宣布联合国营养行动十年（2016—2025）的大会第 70/259 号决议；1996 年第一届世界粮食首脑会议通过的《罗马宣言》；联合国大会第 70/1 号决议通过了具有普遍性和变革性的可持续发展目标（SDG）。

[②] 世卫组织对全球食源性疾病负担的估计，世卫组织，2015.

[③] 食品安全当务之急：加速中低收入国家的进步，世界银行，2018.

[④] 联合国粮农组织，2016. 粮食和农业状况：气候变化、农业和粮食安全. 罗马，联合国粮农组织。

[⑤] 联合国粮农组织、农发基金、儿童基金会、粮食计划署和世卫组织，2018. 2018 年世界粮食安全和营养状况：为粮食安全和营养建设气候适应能力. 罗马，联合国粮农组织.

4. 通过在动物和植物生产中谨慎使用抗生素，打击和遏制食物链中的抗生素耐药性；

5. 把食品安全纳入国家应对和减轻气候变化的计划和承诺中；

6. 增加国家在食品控制系统的投资，提高基于风险的解决方案，引入管理食品安全紧急情况的能力建设，以确保非正规和正规市场食品供应的安全，特别关注弱势群体；

7. 确保食品部门遵守适当的食品安全管理规定，特别关注小规模经营者，并利用私营部门的投资来建设安全和有弹性的食品和饲料供应链；

8. 加强公共部门、私营部门和学术界/研究机构之间的伙伴关系，包括南南合作，这对促进创新作为改善粮食体系安全和复原力的手段至关重要；

9. 采取行动，确保所有国家都能从食品科学和技术的发展中受益，这些科学和技术的发展为评估和管理食品安全风险提供了新的工具；

10. 使消费者和居民们能够参与并促进食品安全讨论，培养决策的自主权、合力行动和公众对粮食体系的信心，并推动更高的食品安全实践、可持续食品安全系统和相关政策；

11. 提高公共意识，促进社区和学校的食品安全教育和培训，培养对话和启示性的行动以提高食品安全水平，利用世界食品安全日来提醒全球对食品安全保持高度关注；

12. 通过系统地监测食源性危害和食源性疾病，估计食源性疾病的公共卫生和经济负担，以及改进食品安全风险评估方法，以证据为基础来改善食品安全的决策；

13. 为全球综合数据做出贡献，分享关于现有和新出现的食品安全问题的专业知识、知识和信息，以便为制定前瞻性的政策、法规和计划提供信息。

附件 4 闭幕致辞

发言人
玛利亚·海伦娜·赛梅朵（MaYia Helena Semedo）
联合国粮农组织气候自然资源部副总干事

2019 年 2 月 13 日星期三
非盟，亚的斯亚贝巴

各位阁下、女士们、先生们，

早上好。我谨代表联合国粮农组织总干事若泽·格拉齐亚诺·达席尔瓦（José Graziano da Silva），很高兴在亚的斯亚贝巴对已经举办两天的重要会议作闭幕总结。

我们已经确定了很多事实，这些将帮助指导我们追求实现零饥饿世界的工作。

我们听到了很多可以让全世界食品更加安全的鼓舞人心的报告。

本次会议共有来自约 130 个国家的 650 名参会代表，其中包括很多部长们，我们正在见证致力于提升《2030 年可持续发展议程》中食品安全水平的强大决心。

我们确定了知识必须转化为行动的关键：

- 对食品安全的投资会带来回报。取得成功需要跨部门的参与；
- 气候影响食品安全。面对变化，保证食品安全需要保持警惕；
- 数字化和其他创新可以改变我们识别、评估和管理食品安全风险的方式。我们必须确保发展中国家公平获得这些工具；
- 强大而可行的粮食体系需要透明度、协作和沟通。消费者必须参与。

女士们、先生们，

如果没有食品安全，那么粮食安全将无从实现。

在一个加速变革的世界，对食品安全的需求始终是当务之急。

而且，在日趋复杂的粮食体系中，我们必须更加关注透明度、信息共享和合作。

我们听到参会的整个食物链利益相关方讨论了我们共同的责任。

食品安全人人有责。

通过食品供应链全体从业者的广泛合作和贡献，我们可以改善食品安全。

您对主席总结的令人信服和广泛认可的发言表明，现在正是成员国就确保食品安全未来所需的国家和国际要求发表强有力声明的时候。

幸运的是，我们的进展并没有在今晚结束。我们将在本次会议所产生的势头上继续前进。

联合国粮农组织和世卫组织将启动与成员国的磋商进程，以商定《亚的斯亚贝巴声明》，并以今天晚上在此获得热烈掌声的主席总结为起点。

我希望你们所有人都能在 4 月 23—24 日在日内瓦加入我们，我们将继续在全球议程上提高食品安全，包括食品安全的贸易方面。

这是一个关键时刻，国际关注、关键行动和战略可以改变许多人的生活。

您的持续参与和奉献将得到回报——改善人类健康和生计、加强经济和保护地球。

联合国粮农组织在这些努力中坚定不移地支持你们。

谢谢大家。

闭幕致辞

斯维莱塔娜·阿克塞尔罗（Svletana Akselrod)

世卫组织助理总干事

各位阁下、女士们、先生们，

我谨代表谭德塞总干事，很高兴向所有的参会代表和会议秘书处工作人员，表达充分满意和诚挚感谢。同样感谢翻译人员，没有你们，在过去的两天我们将无法沟通意见。

本次会议取得圆满成功，对三方来说都是成功的。

大家还记得我们世卫组织总干事在开幕致辞中说过的话吗？他说，吸取教训、搭建桥梁以及创新。我目睹了这些事情正在朝着好的方向发展。

首先，我们有一个很好的参与。共有来自 120 多个国家的 600 余名代表参会，这远超我们的预期。参会的部长和副部长的人数表明了政府高层将食品安全纳入国家主流议程的良好意愿。我希望食品安全现在被纳入国家的公共卫生优先事项和发展议程。

其次，我们在国家、区域和全球层面围绕食品安全的新挑战和新机遇进行了非常有趣且富有成效的讨论。食品安全的相互关联性表明，食品安全是一个需要我们打破部门和专业壁垒的领域，并要着手建立多边合作网络。

最后，我们刚刚听到主席简洁地确定了我们可以集中注意力、迎接挑战并继续努力的领域。我真诚地希望成员国积极推进主席总结事项，并在世卫组织理事机构等具体政策论坛上，表达对食品安全的承诺和支持。这将有助于将食品安全纳入全球主流政策议程。

各位阁下、女士们、先生们，我期待明年 4 月在日内瓦与您再见，届时我们将进一步深化我们的讨论。

闭幕致辞
奎西·夸蒂（Kwesi Quartey）
非洲联盟委员会副主席

各位阁下

尊敬的各位部长，

各位委员，

尊贵的客人们、女士们、先生们，晚上好！

我很高兴也很荣幸能够在今天的闭幕会议上发表讲话。

我们在这里完全认识到食品安全的重要性。我们需要解决非洲和世界各地的可持续发展问题。我们能够聚集在这里，分享经验教训并寻求这一重要问题的解决方案，就意味着已经成功了一半。对问题的识别和认识意味着已经解决了一半。

我们听说受污染的食物如何阻碍粮食安全……贫困，并导致一系列与健康相关的问题。食品安全通常是小农进入利润丰厚市场的障碍，因为这些市场需要严格遵守制定的标准。植物检疫要求可用作非关税壁垒。这与非洲大陆特别相关，因为在那里我们大多数人依靠农业为生，因此我们继续共同努力至关重要。这是在非洲和全世界提高食品安全和质量标准的唯一途径。

这是使我们的农业具有竞争力的唯一途径；这是使我们的农业充满活力、促进贸易和农业经济发展的唯一途径——不管你信与不信，非洲仍然拥有相对战略优势。

我们对解决食品安全问题的政治意愿不断增强备受鼓舞。这对于使非洲实现全球和各大洲承诺至关重要，例如可持续发展目标、非盟《2063 年议程》，特别是非洲大陆自由贸易区（AfCFTA）和马拉博宣言。然而，即使有最好的意图和政治意愿，非关税壁垒，特别是与食品安全相关的技术壁垒仍然是所有大洲和全球发展承诺的障碍。非洲内部贸易仍然是万能钥匙。这就是为什么非洲大陆自由贸易区将是一个巨大的飞跃。

我很高兴地获悉本次会议提出的关键建议，这些建议认识到在职责重叠的各个部门之间解决食品安全问题的复杂性。协调我们的食品安全机构以实现有效交付非常重要。在大洲层面，非盟委员会将建立一个类似的模型，并通过非洲联盟食品安全局加强协调。

随着我们进入学习本次会议所获经验教训的阶段，让我们利用现有技术，收集可持续报告和跟踪食品安全所需的数据。非洲联盟保证支持成员国。我们将与区域经济共同体密切合作，通过非洲食品安全指数跟踪食品安全，该指数现已成为马拉博双年度报告的一部分。

最后，尊敬的各位阁下，亲爱的兄弟姐妹们，希望在接下来的几年里，我们可以自信地说，食品安全不再是粮食安全里被遗忘的支柱。让我们努力使其成为一个不可或缺的组成部分，并得到应有的重视。

谢谢大家！

附件5　食品安全和贸易国际论坛日程

●●● 4 月 23 日 ●●●

10：00—13：00
活动前会议

作为主要活动的序幕，联合国粮农组织和世卫组织已经组织了以下活动，在第一届联合国粮农组织/世卫组织/非盟国际食品安全大会所讨论的关键问题的基础上，举办了以下演讲。

主持人欢迎致辞

Alan Wm. Wolff，世贸组织副总干事

10：00—11：30
评估国家食源性疾病负担——为了更好的食品安全系统而投资

欢迎和介绍

Kazuaki Miyagishima，世卫组织食品安全和人畜共患病司司长（主持人）

主旨演讲

Barbara Kowalcyk，俄亥俄州立大学食品科学与技术系助理教授

小组讨论主题

食源性疾病的负担以及评估它在全球和国家层面的影响

Rob Lake，新西兰环境科学研究所有限公司风险评估和社会系统经理

解决食源性疾病的经济负担

Delia Grace，国际家畜研究所动物和人类健康联合负责人

实践中的疾病负担估算——国家视角

Lindita Molla，阿尔巴尼亚公共卫生研究所食品安全与营养、健康与环境部负责人

现场提问

闭幕致辞

Naoko Yamamoto，世卫组织全民健康覆盖和卫生系统的助理总干事

11：30—13：00
食品安全、健康膳食和贸易

欢迎和介绍
Máximo Torero Cullen，联合国粮农组织经济社会发展部助理总干事
Naoko Yamamoto，世卫组织负责更健康人口的助理总干事
小组讨论主题
促进更健康膳食政策的效果
Mario Mazzocchi，博洛尼亚大学"Paolo Fortunati"统计学系教授
国际贸易中食品安全和健康膳食的关键问题
Erik Wijkström，世界贸易组织贸易与环境司参赞，技术性贸易壁垒委员会秘书
调整国家食品安全政策以促进食品安全
Angela Parry Hanson Kunadu，加纳大学营养与食品科学系讲师
现场提问
闭幕致辞
Máximo Torero Cullen，联合国粮农组织经济社会发展部助理总干事

15：30—17：15
开幕会议
食品安全和贸易

本次会议将亚的斯亚贝巴和日内瓦的会议进行关联。
Roberto Azevêdo，世界贸易组织总干事
José Graziano da Silva，联合国粮农组织总干事
Tedros Adhanom Ghebreyesus，世卫组织总干事
Monique Eloit，世界动物卫生组织总干事
亚的斯亚贝巴会议概况
Josefa Leonel Correia Sacko，非盟农村经济与农业事务委员
部长声明

17：00—18：30
招待会

与会人员受邀在世贸组织中庭享用迎宾饮品。

•••● **4 月 24 日** ●•••

10：00—11：30
专题会议 1
数字化及其对食品安全和贸易的影响

与会者将了解新技术在食品安全和贸易领域的潜在和实际应用，从电子商务和电子认证到大数据和区块链。讨论将以当今复杂和不断发展的粮食体系为背景，考虑数字化的机会和障碍。发言者还将探讨大数据和计算工具对建立基于科学的食品安全法规共识的贡献。注意力将集中在挑战上，特别是从发展中国家的角度来看，如技术鸿沟等问题。

主持人

Ousmane Badiane，国际食物政策研究所非洲区域主任

发言人员

Frank Yiannas，美国食品和药物管理局食品政策和响应副专员

Enzo Maria Le Fevre Cervini，意大利数字机构国际关系高级专家，部长理事会主席

Lynn Frewer，纽卡斯尔大学食品与社会教授

Simon Cook，科廷大学和默多克大学教授

11：30—13：00
专题会议 2
确保食品安全和贸易便利化之间的协同作用

本次会议将概述食品安全和贸易便利化之间可能产生协同作用的不同领域。在这方面，食品安全措施的设计和执行方式是关键，包括使用基于科学的措施和国际标准。基于风险的检查和简化程序可以帮助确保用于检查和控制的资源集中在影响最大的地方。透明度有助于生产者和贸易商找到有关食品安全措施和程序的信息。跨境机构之间的合作可以确保有效和高效的食品安全控制，促进安全贸易。

主持人

Evdokia Moise，经济合作与发展组织（OECD）贸易和农业局高级贸易政策分析师

发言人员

France Pégeot，加拿大食品检验局执行副总裁

Tan Lee Kim，总干事、新加坡食品局食品管理局副首席执行官

Rajesh Aggarwal，国际贸易中心贸易便利化和商业政策主管

Elizabeth Murugi Nderitu，东非商标局标准和卫生和植物检疫措施代理总监

15：00—17：00
专题会议 3
在变革创新时期促进食品安全监管的协调一致

本次会议重申了基于食品法典标准和科学风险评估的国际统一的食品安全法规的重要性，还将探讨食品法典的未来挑战。本次会议将为与会者提供机会，讨论在使用"同一健康"方法调整各部门的食品安全法规、适应创新和变化，以及协调跨国界的法规和处理法规分歧方面的挑战和经验。

主持人

Guilherme da Costa，食品法典委员会主席

发言人员：

Rebecca Jane Irwin，加拿大公共卫生局抗生素耐药性监测综合项目负责人

Anne Bucher，欧盟委员会卫生和食品安全总司司长

Anthony Huggett，全球食品安全倡议（GFSI）董事会成员

Tetty Helfery Sihombing，印度尼西亚共和国国家药品和食品控制局加工食品控制副主席

17：00—18：00
闭幕大会

来自每个专题会议的报告发言人结束活动，随后是闭幕词和告别词。

图书在版编目（CIP）数据

食品安全的未来：将知识转化为造福人民、经济和
环境的行动 / 联合国粮食及农业组织，世界卫生组织编
著；梁晶晶等译. —北京：中国农业出版社，2022.12
（FAO中文出版计划项目丛书）
ISBN 978-7-109-29990-0

Ⅰ. ①食… Ⅱ. ①联… ②世… ③梁… Ⅲ. ①食品安
全－研究－世界 Ⅳ. ①TS201.6

中国版本图书馆 CIP 数据核字（2022）第 166682 号

著作权合同登记号：图字 01－2022－3731 号

食品安全的未来
SHIPIN ANQUAN DE WEILAI

中国农业出版社出版
地址：北京市朝阳区麦子店街 18 号楼
邮编：100125
责任编辑：郑 君 文字编辑：赵 硕
版式设计：杜 然 责任校对：吴丽婷
印刷：北京中兴印刷有限公司
版次：2022 年 12 月第 1 版
印次：2022 年 12 月北京第 1 次印刷
发行：新华书店北京发行所
开本：700mm×1000mm 1/16
印张：6
字数：115 千字
定价：68.00 元